自然语言处理方法

——使用 Python 基于机器学习和深度学习发掘文本数据

Akshay Kulkarni & Adarsha Shivananda　著

王侃　苏智慧　王良刚　曹开臣　译

西安电子科技大学出版社

内容简介

本书系统介绍了基于机器学习和深度学习对文本数据进行挖掘和分析的方法，从文本分类、语音识别、主题建模、文本总结、文本生成、情感分析等多个自然语言处理的应用角度出发，对自然语言处理进行了深入解读，通过大量Python代码帮助读者快速学习并实现基本的甚至较高级的自然语言处理技术。

全书共6章。第1章介绍数据的收集和提取，包括从网页、PDF、Word、HTML、JSON中收集数据；第2章介绍文本数据的处理，包括形式转换、删除标点符号、拼写校正、词干提取、词形还原等；第3章介绍文本特征工程，采用的技术包括One Hot编码、统计向量器、N-grams、哈希向量化、共生矩阵等；第4章介绍高级自然语言处理，包括文本相似度计算、词性标注、提取实体、提取主题、情感分析、语音和文本互转等；第5章介绍自然语言处理的行业应用，如多类分类、文本数据总结、文档聚类、自然语言处理在搜索引擎中的应用等；第6章介绍基于深度学习的自然语言处理，通过深度学习实现信息检索、文本分类和单词预测。

本书注重理论与实践相结合，具有较好的实用性，可为自然语言处理或机器学习的相关从业人员以及爱好者提供业务学习指导，也可为Python程序员提供技术参考，还可为高等院校相关专业的本科生和研究生提供学习参考。

策　　划　刘小莉
责任编辑　宁晓蓉
出版发行　西安电子科技大学出版社(西安市太白南路2号)
电　　话　(029)88202421　88201467　　邮　　编　710071
网　　址　www.xduph.com　　电子邮箱　xdupfxb001@163.com
经　　销　新华书店
印刷单位　陕西天意印务有限责任公司
版　　次　2021年4月第1版　　2022年7月第2次印刷
开　　本　787毫米×960毫米　1/16　　印　张　11
字　　数　183千字
印　　数　1001～2000册
定　　价　48.00元
ISBN 978-7-5606-6021-9 / TP
XDUP 6323001-2
如有印装问题可调换

图书在版编目(CIP)数据

自然语言处理方法：使用 Python 基于机器学习和深度学习发掘文本数据 / (印)阿克沙伊・库尔卡尼，(印)阿达沙・希瓦南达著；王侃等译著. —西安：西安电子科技大学出版社，2021.4
书名原文：Natural Language Processing Recipes：
Unlocking Text Data with Machine Learning and Deep Learning using Python
ISBN 978-7-5606-6021-9

Ⅰ. ①自… Ⅱ. ①阿… ②阿… ③王… Ⅲ. ①自然语言处理②软件工具—程序设计 Ⅳ. ①TP391②TP311.561

中国版本图书馆 CIP 数据核字(2021)第 043794 号

译　者　序

自然语言处理（Natural Language Processing，NLP）是计算机科学领域与人工智能领域中的一个重要方向，它研究实现人与计算机之间用自然语言进行有效沟通的各种理论和方法。近年来，NLP 技术已经取得了阶段性进展，在电商、金融、翻译、智能硬件、医疗、旅游等行业广泛应用，其应用场景涵盖语音交互、文本分类、情感分析、意图分析、图像识别等。机器学习和深度学习技术的快速发展及在自然语言处理中的应用，使得 NLP 技术又上了一个台阶，且在更多应用领域为 NLP 技术提供了优秀的解决方案。

本书通过使用 Python 程序设计语言，结合当前较为先进的机器学习及深度学习算法，对文本分类、语音识别、主题建模、文本总结、文本生成、情感分析等多个自然语言处理的应用领域进行了深入解读。本书以理论加实战的方式引导读者进行自然语言处理教程的学习，在循序渐进地了解 NLP 的一些基本概念及工作原理的同时，通过丰富的实例帮助读者快速掌握 NLP 技术。

本书整体难度适宜，既可作为 NLP 初学者的自学教材，也能够为 NLP 工程技术人员的进阶学习提供帮助。通过学习本书的内容，读者可以掌握如何编写能处理大量非结构化文本的 Python 程序，可以访问具有丰富标注的、涵盖了语言学各种数据结构的数据集，并能够学习分析书面文档的内容以及结构的主要算法。

本书共6章，第1章介绍数据的收集和提取，第2章介绍文本数据的处理，第3章介绍文本特征工程，第4章介绍高级自然语言处理，第5章介绍自然语言处理的行业应用，第6章介绍基于深度学习的自然语言处理。

本书由王侃、苏智慧、王良刚、曹开臣共同翻译完成。

由于译者水平有限，书中难免存在不足之处，恳请有关专家、同行和读者批评指正。

译　者
2020年11月

作 者 简 介

Akshay Kulkarni 是人工智能和机器学习专家，在人工智能和机器学习的建模与扩展应用方面具有丰富的经验。Akshay Kulkarni 目前是 SapientRazorfish 核心数据科学团队的高级数据科学家。在该团队中，Akshay Kulkarni 致力于利用人工智能进行策略和转换干预，并利用最新的技术开展各种机器学习、深度学习和人工智能方面的工作。此前，Akshay Kulkarni 曾供职于 Gartner 和 Accenture，负责分析和数据科学业务。

Akshay Kulkarni 经常在数据科学会议上发表演讲，同时也是印度几所顶尖研究生院的客座教授。Akshay Kulkarni 长居于印度的班加罗尔，喜欢阅读、写作和编程。

Adarsha Shivananda 目前是 Indegene 公司产品和技术团队的高级数据科学家，致力于为制药产品构建机器学习和人工智能能力。Adarsha Shivananda 的目标是通过卓越的培训计划建立一个杰出的数据科学家库，并一同解决更多、更大的问题。Adarsha Shivananda 曾与 Tredence Analytics 和 IQVIA 合作。Adarsha Shivananda 在制药、卫生保健、零售和营销领域具有丰富的工作经验。

Adarsha Shivananda 长居于印度的班加罗尔，喜欢阅读、骑行和数据科学教学。

技术审稿人简介

Dikshant Shahi 是一名软件架构师，在搜索引擎、语义技术和自然语言处理方面具有丰富的经验。Dikshant Shahi 目前专注于构建语义搜索平台和相关的企业应用程序，在搜索引擎构建方面拥有超过 10 年的经验。Dikshant Shahi 还是 *Apache Solr: A Practical Approach to Enterprise Search*(Apress，2015)一书的作者。

Dikshant Shahi 长居于印度的班加罗尔，喜欢背包旅行。

Krishnendu Dasgupta 是一位有 8 年经验的高级顾问。Krishnendu Dasgupta 曾供职于不同的云平台公司，并设计过数据挖掘架构。Krishnendu Dasgupta 目前正致力于研究自然语言处理和人工智能。Krishnendu Dasgupta 曾与大型咨询公司合作，在供应链和银行领域拥有丰富的经验。

Krishnendu Dasgupta 是麻省理工学院举办的全球创新创业训练营的 2018 级学员。

致　谢

感谢我们的母亲、父亲和可爱的兄弟姐妹，感谢他们所给予的激励和一直以来的支持。

我们要为导师和朋友所给予的投入、启发和支持表示感谢。特别感谢 Awok.com 公司的 Anoosh R. Kulkarni，感谢他在我们编写这本书时所给予的所有支持和技术投入。同时，非常感谢 Apress 团队一直以来的支持和帮助。

最后，我们要感谢读者对本书的喜爱，并相信本书可以使读者的自然语言处理之旅更加有趣和令人兴奋。

注意：本书所表达的仅是作者个人的观点。

目　录

引　言

据估计，超过80%的数据是非结构化的，这些数据以文本、图像、音频、视频等形式存在。当我们说话、写作、发推特、使用社交媒体平台、在各种信息平台上发送消息、使用电子商务购物以及参与其他各种活动时，都会有数据生成。这些数据大多以文本形式存在。

那么，什么是非结构化数据呢？非结构化数据是不同于传统关系型数据库的数据信息，例如文档、博客、社交媒体、图片和视频。

大多数的信息都是不同类型的非结构化数据。通过发掘这些扮演着重要角色的非结构化数据，可以帮助我们做出更好的决策。本书将发掘文本数据的潜力。

文本数据是最常见的非结构化数据，占了非结构化数据的50%以上。比如社交媒体上的推文/帖子、聊天对话、新闻、博客和文章、产品或服务评论以及医疗保健部门的病人记录，这些都是文本数据的例子，还有语音驱动的机器人，比如Siri、Alexa等。

为了从文本数据中得到有意义和可操作的信息，我们将自然语言处理与机器学习和深度学习相结合，以发掘文本数据的潜力。

但是什么是自然语言处理(NLP)？我们都知道机器/算法不能理解文本或者字符，因此将这些文本数据转换成机器可理解的格式(如数字或二进制)以便进行各种文本数据分析是非常重要的。使机器理解和解释人类语言（文本数据）的能力称为自然语言处理。

因此，如果你想利用非结构化文本的力量，本书就是一个正确的起点。本书揭示了自然语言处理的概念和实现以及它在现实世界中的应用。自然语言处理为解决人工智能中各种有趣的问题提供了无限的机会，这使得NLP成为开发智能、基于深度学习的应用程序的最新前沿。

➤ 本书包含什么内容

本书是使用Python来学习和实现自然语言处理“问题—解决方案”的参考书。本书包含大量代码和方法，可帮助读者快速学习并实现基本的甚至一些较高级的自然语言处理技术。读者将学习如何有效地使用常见的自然语言处理工具包来实现文本分类、语音识别、主题建模、文本总结、文本生成、情感分析以及更多与自然语言处理相关的应用。

本书首先介绍提取文本数据和网页抓取。接下来介绍如何清洗和预处理文本数据，以及使用高级算法来分析文本数据的方法。本书探索文本的语义和句法分析，还会介绍复杂的自然语言处理解决方案，包括文本规范化、各种先进的预处理方法、词性标记、文本相似度、文本总结、情感分析、主题建模、NER、word2vec、seq2seq 等。本书涵盖了机器学习和深度学习在自然语言处理中的应用所必需的各种基础知识以及其他先进技术。本书最后介绍自然语言处理的一些高级行业应用、解决方案及其实现，并利用深度学习技术解决自然语言处理和自然语言生成问题。本书使用了最先进的递归神经网络，如长短期记忆，以解决复杂的文本生成任务，同时还探讨了词嵌入技术。

本书的每一章中都包括一些代码示例和插图。

学习完本书的全部内容后，就会对自然语言处理的实现有一个清晰的理解，并可以利用书中的实例实现现实世界中使用自然语言处理的技术。读者有机会熟悉各种自然语言处理技术，以及机器学习和深度学习及其行业应用，这将使自然语言处理之旅更加有趣，同时也有助于提高 Python 编程技能。通过本书可以学到应用 NLP 技术所需的所有理论基础和基本技能，从而有可能在 NLP 领域获得成功。

➢ 本书适合谁

假设你具有基本的 Python 编程技能以及一些机器学习的知识，如果你是一个自然语言处理或机器学习的爱好者，并且是一个想要快速掌握自然语言处理的中级 Python 程序员，那么本书中的学习方法将会给你带来很多好处。你只需要掌握有关机器学习和 Python 的基础知识就可以尽情享受学习这本书的乐趣。

读者将学到以下内容：

(1) 使用 NLTK、TextBlob、SpaCy、Stanford CoreNLP 等 Python 库实现自然语言处理的核心概念以及自然语言处理的各种方法。

(2) 学习自然语言处理中的文本预处理和特征工程，以及先进的特征工程方法，如词嵌入。

(3) 理解并实现信息检索、文本总结、情感分析、文本分类、文本生成等概念以及其他借助机器学习和深度学习实现的高级自然语言处理技术。

(4) 了解不同行业面临的问题，以及如何使用自然语言处理技术来解决这些问题。

(5) 实现自然语言处理全生命周期的端到端流水线，包括问题构建、查找数据、收集数据、数据预处理，并使用最先进的技术解决问题。

➤ 你需要做些什么准备

若要成功执行本书中给出的程序，则需要可在 Windows 或 UNIX 操作系统下运行的 Python 3.x 或更高版本，需要 2.0 GHz 或更高的处理器，最少 4 GB 的内存。从 Anaconda 可以下载 Python，并利用 Jupyter notebook 实现所有编码。本书假定你掌握深度学习的基本知识，了解如何安装机器学习和深度学习的常用库。

请确保你升级或安装了最新版本的库文件。

Python 是构建自然语言处理应用程序最流行和使用最广泛的工具，它提供了大量复杂的库，可以执行从基本预处理到高级处理的各种自然语言处理任务。

在 Jupyter notebook 中安装 Python 的任何库之前需要使用“!”。

(1) NLTK：自然语言工具包，通常称为所有自然语言处理库之母。当涉及 Python 和自然语言处理时，它是成熟的主要资源之一。

在 Jupyter notebook 中安装 NLTK 工具包的代码如下：

```
!pip install nltk
nltk.download()
```

(2) SpaCy：近来使用很广泛的一个库，其中加入了深度学习框架。SpaCy 并没有涵盖自然语言处理的所有功能，但它已经实现的部分确实做得很好。

在 Jupyter notebook 中安装 Spacy 工具包的代码如下：

```
!pip install spacy
#if above doesn't work, try this in your terminal/command prompt
conda install spacy
python -m spacy.en.download all
#then load model via
spacy.load('en')
```

(3) TextBlob：在进行自然语言处理时，TextBlob 是最受欢迎的库之一。TextBlob 基于 NLTK 和 Pattern，但也并不是最快或最完整的库。

在 Jupyter notebook 中安装 TextBlob 工具包的代码如下：

```
!pip install textblob
```

(4) CoreNLP：Stanford CoreNLP 的 Python 包装器。CoreNLP 为各种语言的文本标记、句法分析和文本分析提供了非常鲁棒、准确和优化的技术。

在 Jupyter notebook 中安装 CoreNLP 工具包的代码如下：

```
!pip install CoreNLP
```

除了上面列举的，还有更多的有关自然语言处理的库，但上面所列的这些库是使用最广泛和最重要的库。

学习自然语言处理并将其运用于相关行业中的目的是有大量关于自然语言处理的行业应用被用于揭示信息。本书用代码实现了下面 11 种自然语言处理的具体应用，包括从业务问题构建到构建应用程序，再到绘制业务信息的全过程。

- 情感分析：客户对企业提供的产品的情感。
- 主题建模：从一组文档中提取唯一的主题。
- 投诉分类/邮件分类/电子商务产品分类等。
- 使用不同的聚类技术进行文档分类和管理。
- 使用相似度方法进行简历筛选和职位描述匹配。
- 利用先进的特征工程技术(word2vec 和 fastText)来捕获上下文。
- 信息/文档检索系统，例如搜索引擎。
- 聊天机器人、问答(Q&A)以及语音到文本的应用程序(如 Siri 和 Alexa)。
- 使用神经网络进行语言检测和翻译。
- 使用图形方法和先进技术进行文本总结。
- 使用深度学习算法进行文本生成/预测下一个单词序列。

第 1 章　提 取 数 据

文本数据可以用于了解相关的业务。本章介绍文本数据的各种来源及其提取方法。

方法 1：使用 API 收集文本数据。

方法 2：从 PDF 中收集数据。

方法 3：从 Word 文件中收集数据。

方法 4：从 JSON 中收集数据。

方法 5：从 HTML 中收集数据。

方法 6：使用正则表达式解析文本。

方法 7：处理字符串。

方法 8：从网页中抓取文本。

概　　述

在深入学习本书之前，先要了解一下通常可能见到的各种不同的数据源。为了实现商业利益，往往需要识别出潜在的数据源。下面列举了三类需要识别的潜在数据源。

(1) 客户端数据：对于任何问题，本身已经存在的数据就是一个数据源。但这取决于数据存储在何处。数据存储取决于业务类型、数据量以及与不同数据的关联成本。数据的存储类型通常有四种：SQL 数据库、Hadoop 聚类、云存储和平面文件。

(2) 免费资源：在因特网上可以免费获得大量的数据。我们要做的只是整合问题，并开始探索各种免费的数据源。免费资源通常有五种：免费的 API、维基百科(Wikipedia)、政府数据(如 http://data.gov)、人口普查数据(如 http://www.census.gov/data.html)和卫生保健数据(如 https://www.healthdata.gov/)。

(3) 网页抓取：在获得相关许可后，使用 Python 中的网页抓包方法，从网页、博客、论坛和零售网站提取内容/数据用于分析。

潜在的数据源还有很多，如犯罪数据、事故数据和经济数据，这些数据也可以用于不同问题的分析。

方法 1-1　使用 API 收集文本数据

如前所述，可以通过很多免费的 API(Application Program Interface，应用程序接口)收集数据并使用这些数据来解决问题。本书将特别讨论推特的 API(这种方法也可以用于其他场景)。

➤ 问题

使用推特 API 收集文本数据。

➤ 解决方案

推特拥有海量有价值的数据，很多社交媒体营销人员正以此为生。在推特上，每天都有大量新的推文，每条推文都讲述了一些故事。收集和分析这些数据，可以为企业提供关于其公司、产品和服务的大量信息。

观察如何利用 API 提取数据，并思考在后续章节中如何利用这个方法。

➤ 实现步骤

步骤 1-1　登录推特开发者门户。

在推特开发者门户中创建自己的应用程序，并获取相关的密钥。拥有了这些密钥后，就可以开始提取数据了。相关的密钥有：

(1) 用户名：与应用程序(推特、脸书等)相关联的用户名。

(2) 用户密码：用于认证服务器的密码。

(3) 访问令牌：在成功验证上述密钥后，将密钥交由客户端。

(4) 访问令牌密码：访问令牌的密码。

步骤 1-2　在 Python 中执行下面的代码。

上述密钥准备就绪后，使用下面的代码来获取数据。

```
# Install tweepy
!pip install tweepy
# Import the libraries
import numpy as np
import tweepy
import json
import pandas as pd
```

```
from tweepy import OAuthHandler
# credentials
consumer_key = "adjbiejfaaoeh"
consumer_secret = "had73haf78af"
access_token = "jnsfby5u4yuawhafjeh"
access_token_secret = "jhdfgay768476r"
# calling API
auth = tweepy.OAuthHandler(consumer_key, consumer_secret)
auth.set_access_token(access_token, access_token_secret)
api = tweepy.API(auth)
# Provide the query you want to pull the data. For example, pulling data for the mobile
phone ABC
query ="ABC"
# Fetching tweets
Tweets = api.search(query, count = 10, lang='en', exclude='retweets', tweet_mode
        ='extended')
```

当搜索字符“ABC”时，上述查询代码将提取最靠前的 10 个推文。该 API 将提取英文推文，因为设定的语言是“en”，同时它自动排除掉转发的推文。

方法 1-2　从 PDF 中收集数据

绝大多数情况下，数据被存储为 PDF 文件。需要从这些文件中提取文本并将它存储起来以便于日后分析。

➢ 问题

希望读取一个 PDF 文件。

➢ 解决方案

最简单的方法是使用 PyPDF2 库。

➢ 实现步骤

按照本节中的步骤从 PDF 文件中提取数据。

步骤 2-1　安装并导入所有必要的库。

下面是安装并导入 PyPDF2 库的代码：

```
!pip install PyPDF2
import PyPDF2
from PyPDF2 import PdfFileReader
```

注意：可以从网上下载任何 PDF 文件，并把它放在运行 Jupyter notebook 或 Python 脚本的位置。

步骤 2-2　从 PDF 文件中提取文本。

使用下面的代码提取文本。

```
#Creating a pdf file object
pdf = open("file.pdf","rb")
#creating pdf reader object
pdf_reader = PyPDF2.PdfFileReader(pdf)
#checking number of pages in a pdf file
print(pdf_reader.numPages)
#creating a page object
page = pdf_reader.getPage(0)
#finally extracting text from the page
print(page.extractText())
#closing the pdf file
pdf.close()
```

注意，以上函数不能用于扫描版的 PDF 文件。

方法 1-3　从 Word 文件中收集数据

接下来介绍在 Python 中读取 Word 文件的方法。

➤ 问题

希望读取 Word 文件。

➤ 解决方案

最简单的方法是使用 docx 库。

➤ 实现步骤

按照本节中的步骤从 Word 文件中提取数据。

步骤 3-1　安装并导入所有必要的库。

下面是安装并导入 docx 库的代码：

```
#Install docx
!pip install docx
#Import library
from docx import Document
```

注意：可以从网上下载任何 Word 文件，并把它放在运行 Jupyter notebook 或 Python 脚本的位置。

步骤 3-2　从 Word 文件中提取文本。

使用下面的代码提取文本。

```
#Creating a word file object
doc = open("file.docx","rb")
#creating word reader object
document = docx.Document(doc)
# create an empty string and call this document. This document variable store each
paragraph in the Word document.We then create a for loop that goes through each
paragraph in the Word document and appends the paragraph.
docu=""
for para in document.paragraphs:
docu += para.text
#to see the output call docu
print(docu)
```

方法 1-4　从 JSON 中收集数据

下面介绍从 JSON 文件/对象中收集数据的方法。

➢ 问题

希望读取一个 JSON 文件/对象。

➢ 解决方案

最简单的方法是使用 requests 和 JSON 库。

➢ 实现步骤

按照本节中的步骤从 JSON 文件/对象中提取数据。

步骤 4-1　安装并导入所有必要的库。

下面导入库的代码。

```
import requests
import json
```

步骤 4-2　从 JSON 文件中提取文本。

使用下面的代码提取文本。

```
#json from "https://quotes.rest/qod.json"
r = requests.get("https://quotes.rest/qod.json")
res = r.json()
print(json.dumps(res, indent = 4))
#output
{
  "success": {
    "total": 1
  },
  "contents": {
     "quotes": [
          {
             "quote": "Where there is ruin, there is hope for a treasure.",
             "length": "50",
             "author": "Rumi",
             "tags": [
                    "failure",
                    "inspire",
                    "learning-from-failure"
                ],
             "category": "inspire",
             "date": "2018-09-29",
             "permalink":
            "https://theysaidso.com/quote/dPKsui4sQnQqgMnXHLKtfweF/rumi-where
             -there-is-ruin-there-is-hope-for-a-treasure",
             "title": "Inspiring Quote of the day",
             "background": "https://theysaidso.com/img/bgs/man_on_the_mountain. jpg",
```

```
            "id": "dPKsui4sQnQqgMnXHLKtfweF"
          }
        ],
      "copyright": "2017-19 theysaidso.com"
    }
}
#extract contents
q = res['contents']['quotes'][0]
q
```

文本提取结果如下：

```
{   'author': 'Rumi',
    'background': 'https://theysaidso.com/img/bgs/man_on_the_mountain.jpg',
    'category': 'inspire',
    'date': '2018-09-29',
    'id': 'dPKsui4sQnQqgMnXHLKtfweF',
    'length': '50',
    'permalink': 'https://theysaidso.com/quote/dPKsui4sQnQqgMnXHLKtfweF/rumi-where-
there-is-ruin-there-is-hope-for-a-treasure',
    'quote': 'Where there is ruin, there is hope for a treasure.',
    'tags': ['failure', 'inspire', 'learning-from-failure'],
    'title': 'Inspiring Quote of the day'
}
#extract only quote
print(q['quote'], '\n--', q['author'])
#output
It wasn't raining when Noah built the ark....
```

方法 1-5 从 HTML 中收集数据

在这个方法中，我们将读取 HTML 页面。

➤ 问题

希望读取/解析 HTML 页面。

➤ 解决方案

最简单的方法是使用 bs4 库。

➤ 实现步骤

按照本节中的步骤从网页中提取数据。

步骤 5-1　安装并导入所有需要的库。

下面是安装并导入 bs4 库的代码：

```
!pip install bs4
import urllib.request as urllib2
from bs4 import BeautifulSoup
```

步骤 5-2　获取 HTML 文件。

选择想要提取的网页的网址。下面的代码以维基百科为例。

```
response = urllib2.urlopen('https://en.wikipedia.org/wiki/Natural_language_processing')
html_doc = response.read()
```

步骤 5-3　解析 HTML 文件。

使用下面的代码得到数据。

```
#Parsing
soup = BeautifulSoup(html_doc, 'html.parser')
# Formating the parsed html file
strhtm = soup.prettify()
# Print few lines
print (strhtm[:1000])
```

得到的数据结果如下：

```
<!DOCTYPE html>
<html class="client-nojs" dir="ltr" lang="en">
  <head>
    <meta charset="utf-8"/>
    <title>
      Natural language processing - Wikipedia
    </title>
    <script>
    document.documentElement.className = document.documentElement.className.
                                         replace( /(^|\s) client-nojs(\s|$)/, "$1clie
                                         nt-js$2" );
```

```
</script>
<script> (window.RLQ = window.RLQ||[]).push(function() {mw.config.set(
        {"wgCanonicalNamespace": "", "wgCanonicalSpecialPageName":f alse,
         "wgNamespaceNumber": 0, "wgPageName":
         "Natural_language _proc essing", "wgTitle":
         "Natural language processing", "wgCurRevisionId":
         860741853, "wgRevisionId": 860741853,"wgArticleId":
         21652, "wgIsArticle": true, "wgIsRedirect": false, "wgAction": "view",
         "wgUserName": null, "wgUser Groups": ["*"], "wgCategories":
          ["Webarchive template wayback links", "All accuracy disputes",
         "Articles with disputed statements from June 2018", "Wikipedia articles
         with NDL identifiers", "Natural language processing", "Computational
         linguistics", "Speech recognition", "Computational fields of stud
```

步骤 5-4　提取标签值。

使用下面的代码从标签的第一个实例中提取标签值。

```
print(soup.title)
print(soup.title.string)
print(soup.a.string)
print(soup.b.string)
```

提取的标签值如下：

```
<title>Natural language processing - Wikipedia</title>
Natural language processing - Wikipedia
None
Natural language processing
```

步骤 5-5　提取特定标签的所有实例。

使用下面的代码得到我们感兴趣的标签的所有实例。

```
for x in soup.find_all('a'):
    print(x.string)
```

输出结果如下：

```
None
Jump to navigation
Jump to search
Language processing in the brain
```

```
None
None
automated online assistant
customer service
[1]
computer science
artificial intelligence
natural language
speech recognition
natural language understanding
natural language generation
```

步骤 5-6　提取特定标签的全部文本。

使用下面的代码得到文本。

```
for x in soup.find_all('p'):
    print(x.text)
```

输出结果如下：

```
Natural language processing (NLP) is an area of computer science and artificial intelli
gence concerned with the interactions between computers and human (natural)
languages, in particular how to program computers to process and analyze large
amounts of natural language data.
Challenges in natural language processing frequently involve speech recognition,
natural language understanding, and natural language generation.
The history of natural language processing generally started in the 1950s, although
work can be found from earlier periods. In 1950, Alan Turing published an article titled
"Intelligence" which proposed what is now called the Turing test as a criterion of
intelligence.
```

上面的代码表明使用'p'作为标签可以提取页面中出现的大部分文本。

方法 1-6　使用正则表达式解析文本

本节将讨论如何使用正则表达式辅助文本数据分析。在处理来自网页的原始数据时，这是非常必要的。来自网页的数据可能包含 HTML 标签、长文本和重复文本。在开发应用程序以及输出的过程中，并不需要这样的数据。

可以使用正则表达式来完成所有基础的和高级的数据清洗。

➤ 问题

希望使用正则表达式来解析文本数据。

➤ 解决方案

最好的方法是使用 Python 中的 re 库。

➤ 实现步骤

下面是在任务中使用正则表达式的一些方法。基本标志是 I、L、M、S、U、X。

(1) re.I：这个标志用于忽略大小写。

(2) re.L：这个标志用于查找本地从属项。

(3) re.M：如果你想通过很多行找出对象，那么这个标志很有用。

(4) re.S：这个标志用于查找点匹配。

(5) re.U：这个标志用于采用统一字符编码标准的数据。

(6) re.X：这个标志用于以更可读的格式编写正则表达式。

正则表达式有以下功能：

(1) 查找单次出现的字符 a 和 b：正则表达式为[ab]。

(2) 查找除 a 和 b 以外的字符：正则表达式为[^ab]。

(3) 查找 a 到 z 之间的字符：正则表达式为[a-z]。

(4) 查找除了 z 以外的字符：正则表达式为[^a-z]。

(5) 查找 a 到 z 以及 A 到 Z 的所有字符：正则表达式为[a-zA-Z]。

(6) 匹配任意单个字符：正则表达式为“.”。

(7) 匹配任意空白字符：正则表达式为\s。

(8) 匹配任意非空白字符：正则表达式为\S。

(9) 匹配任意数字：正则表达式为\d。

(10) 匹配任意非数字：正则表达式为\D。

(11) 匹配任意的非词：正则表达式为\W。

(12) 匹配任意的词：正则表达式为\w。

(13) 匹配 a 或 b：正则表达式为(a|b)。

(14) a 出现 0 次或 1 次：

① 匹配 0 次或 1 次，且不超过 1 次的正则表达式为 a? ; ?。

② a 出现 0 次或以上的正则表达式为 a* ; * 匹配 0 次或以上。

③ a 出现 1 次或以上的正则表达式为 a+ ; + 匹配出现 1 次或以上。

(15) 提取 a 出现 3 次的情况：正则表达式为 a{3}。

(16) 匹配 a 同时出现 3 次及以上的情况：正则表达式为 a{3, }。

(17) 匹配 a 同时出现 3 到 6 次的情况：正则表达式为 a{3,6}。

(18) 开始字符串：正则表达式为^。

(19) 结束字符串：正则表达式为$。

(20) 匹配词边界：正则表达式为\b。

(21) 匹配非词边界：正则表达式为\B。

re.match()和 re.search()函数用于查找对象，然后根据应用程序的需求进行处理。re.match()和 re.search()之间的区别如下：

(1) re.match()：只检查字符串开头是否匹配。因此，如果它在输入字符串的开头找到对象，那么它将返回匹配的对象；否则，返回 None。

(2) re.search()：检查字符串任意位置是否匹配。它查找给定输入字符串或数据中出现的所有对象。

下面介绍一些使用正则表达式的示例。

[示例 1.1] 词汇单元化。

若想把句子拆分成词，即词汇单元化，那么其中一个方法是使用 re.split 函数，代码如下：

```
# Import library
import re
#run the split query
re.split('\s+','I like this book.')
['I', 'like', 'this', 'book.']
```

关于正则表达式的解释，请参考前面的介绍。

[示例 1.2] 提取邮件 IDs。

提取邮件 IDs 最简单的方法是使用 re.findall 函数。

首先读取/创建文档或句子，代码如下：

```
doc = "For more details please mail us at: xyz@abc.com, pqr@mno.com"
```

然后执行 re.findall 函数，代码如下：

```
addresses = re.findall(r'[\w\.-]+@[\w\.-]+', doc)
for address in addresses:
    print(address)
```

输出结果如下：

```
xyz@abc.com
```

```
pqr@mno.com
```

[示例 1.3]　替换邮件 IDs。

这里用另一个邮件 ID 替换之前从句子或文档中提取的邮件 ID。最简单的方法是使用 re.sub 函数。

首先读取/创建文档或句子，代码如下：

```
doc = "For more details please mail us at xyz@abc.com"
```

然后执行 re.sub 函数，代码如下：

```
new_email_address = re.sub(r'([\w\.-]+)@([\w\.-]+)', r'pqr@mno.com', doc)
print(new_email_address)
```

输出结果如下：

```
For more details please mail us at pqr@mno.com
```

关于正则表达式的解释，请参考方法 1-6。

[示例 1.4]　从电子书提取数据并执行正则表达式。

使用目前学习到的技术来解决这个示例。

首先从书中提取内容，代码如下：

```
# Import library
import re
import requests
#url you want to extract
url = 'https://www.gutenberg.org/files/2638/2638-0.txt'
#function to extract
def get_book(url):
    # Sends a http request to get the text from project Gutenberg
    raw = requests.get(url).text
    # Discards the metadata from the beginning of the book
    start = re.search(r"\*\*\* START OF THIS PROJECT GUTENBERG EBOOK .*
        \*\*\*", raw ).end()
    # Discards the metadata from the end of the book
    stop = re.search(r"II", raw).start()
    # Keeps the relevant text
    text = raw[start:stop]
    return text
# processing
```

```
def preprocess(sentence):
    return re.sub('[^A-Za-z0-9.]+' , ' ', sentence).lower()
#calling the above function
book = get_book(url)
processed_book = preprocess(book)
print(processed_book)
```

输出结果如下：

```
produced by martin adamson david widger with corrections by andrew sly the idiot by fyodor dostoyevsky translated by eva martin part i i. towards the end of november during a thaw at nine o clock one morning a train on the warsaw and petersburg railway was approaching the latter city at full speed. the morning was so damp and misty that it was only with great difficulty that the day succeeded in breaking and it was impossible to distinguish anything more than a few yards away from the carriage windows. some of the passengers by this particular train were returning from abroad but the third class carriages were the best filled chiefly with insignificant persons of various occupations and degrees picked up at the different stations nearer town. all of them seemed weary and most of them had sleepy eyes and a shivering expression while their complexions generally appeared to have taken on the colour of the fog outside. when da
```

然后使用正则表达式进行探索性的数据分析，代码如下：

```
# Count number of times "the" is appeared in the book
len(re.findall(r'the', processed_book))
```

输出结果如下：

```
302
#Replace "i" with "I"
processed_book = re.sub(r'\si\s', " I ", processed_book)
print(processed_book)
```

用“I”替换“i”，输出结果如下：

```
produced by martin adamson david widger with corrections by andrew sly the idiot by fyodor dostoyevsky translated by eva martin part I i. towards the end of november during a thaw at nine o clock one morning a train on the warsaw and petersburg railway was approaching the latter city at full speed. the morning was so damp and misty that it was only with great difficulty that the day succeeded in breaking and it was impossible to distinguish anything more than a few yards away from the carriage windows. some of
```

the passengers by this particular train were returning from abroad but the third class carriages were the best filled chiefly with insignificant persons of various occupations and degrees picked up at the different stations nearer town. all of them seemed weary and most of them had sleepy eyes and a shivering expression while their complexions generally appeared to have taken on the colour of the fog outside. when da

```
#find all occurance of text in the format "abc--xyz"
re.findall(r'[a-zA-Z0-9]*--[a-zA-Z0-9]*', book)
```

以“abc--xyz”格式提取 book 中所有出现的单词，输出结果如下：

```
['ironical--it',
'malicious--smile',
'fur--or',
'astrachan--overcoat',
'it--the',
'Italy--was',
'malady--a',
'money--and',
'little--to',
'No--Mr',
'is--where',
'I--I',
'I--',
'--though',
'crime--we',
'or--judge',
'gaiters--still',
'--if',
'through--well',
'say--through',
'however--and',
'Epanchin--oh',
'too--at',
'was--and',
'Andreevitch--that',
```

```
'everyone--that',
'reduce--or',
'raise--to',
'listen--and',
'history--but',
'individual--one',
'yes--I',
'but--',
't--not',
'me--then',
'perhaps--',
'Yes--those',
'me--is',
'servility--if',
'Rogojin--hereditary',
'citizen--who',
'least--goodness',
'memory--but',
'latter--since',
'Rogojin--hung',
'him--I',
'anything--she',
'old--and',
'you--scarecrow',
'certainly--certainly',
'father--I',
'Barashkoff--I',
'see--and',
'everything--Lebedeff',
'about--he',
'now--I',
'Lihachof--',
'Zaleshoff--looking',
```

```
'old--fifty',
'so--and',
'this--do',
'day--not',
'that--',
'do--by',
'know--my',
'illness--I',
'well--here',
'fellow--you']
```

方法 1-7 处理字符串

本节将讨论如何处理字符串和文本数据。

可以使用字符串操作来实现所有基本的文本探索。

➤ 问题

希望探索字符串处理。

➤ 解决方案

最简单的方法是使用下面这些字符串处理函数。

(1) s.find(t)：返回 s 中字符串 t 第一次出现位置的索引(如果没找到，则返回 –1)。

(2) s.rfind(t)：返回 s 中字符串 t 最后一次出现位置的索引(如果没找到，则返回 –1)。

(3) s.index(t)：同 s.find(t)，如果没有找到，则产生 ValueError。

(4) s.rindex(t)：同 s.rfind(t)，如果没有找到，则产生 ValueError。

(5) s.join(text)：使用 s 将文本中的词组合成一个字符串。

(6) s.split(t)：以 t 所在位置拆分 s 成词组(默认为空格)。

(7) s.splitlines()：将每一行拆分成一系列字符串。

(8) s.lower()：将字符串 s 中的字符全部改成小写。

(9) s.upper()：将字符串 s 中的字符全部改成大写。

(10) s.title()：将字符串 s 的首字母改成大写。

(11) s.strip()：剔除字符串 s 开头和结尾的空格。

(12) s.replace(t,u)：将 s 中的 t 用 u 代替。

➤ 实现步骤

下面介绍一些示例。

[示例 1.5] 替换内容。

创建一个字符串，然后替换其内容。创建字符串并用单引号或双引号括起来。为了实现替换，可以使用 replace 函数。

首先创建字符串，代码如下：

```
String_v1 = "I am exploring NLP"
#To extract particular character or range of characters from string
print(String_v1[0])
```

提取 String_vl 中的第 1 个字符，输出结果如下：

```
"I"
#To extract exploring
print(String_v1[5:14])
```

提取 String_vl 中第 6-15 个字符，输出结果如下：

```
exploring
```

然后用“learning”替换字符串中的“exploring”，代码如下：

```
String_v2 = String_v1.replace("exploring", "learning")
print(String_v2)
```

输出结果如下：

```
I am learning NLP
```

[示例 1.6] 连接两个字符串。

连接两个字符串的简易代码如下：

```
s1 = "nlp"
s2 = "machine learning"
s3 = s1+s2
print(s3)
```

输出结果如下：

```
'nlpmachine learning'
```

[示例 1.7] 搜索字符串中的子串。

使用 find 函数在字符串中取得子串的开始索引值，代码如下：

```
var="I am learning NLP"
f= "learn"
```

```
var.find(f)
```

输出结果如下：

```
5
```

方法 1-8　从网页抓取文本

本节将讨论如何从网页抓取数据。

警告：在抓取任何网站、博客或电子商务网站前，请务必阅读网站的条款和条件，了解是否允许抓取数据。

网页抓取也叫网页收割或网页数据提取。它是一种从网站中提取大量数据并将其保存在数据库或本地的技术。可以基于商业利益使用这些数据来提取与客户/用户/产品相关的信息。

前提：对 HTML 的结构有基本的了解。

➢ 问题

希望从网页抓取数据。这里以从 IMDB 网站抓取排名靠前的电影为例。

➢ 解决方案

最简单的方法是使用 Python 中的 beautiful soup(译者注：一种爬虫)或 scrapy 库。这里使用 beautiful soup。

➢ 实现步骤

按照本节中的步骤实现从网页中抓取数据。

步骤 8-1　安装所有必要的库，代码如下：

```
!pip install bs4
!pip install requests
```

步骤 8-2　导入库，代码如下：

```
from bs4 import BeautifulSoup
import requests
import pandas as pd
from pandas import Series, DataFrame
from ipywidgets import FloatProgress
from time import sleep
from IPython.display import display
```

```
import re
import pickle
```

步骤 8-3　识别 URL 以提取数据，代码如下：

```
url = 'http://www.imdb.com/chart/top?ref_=nv_mv_250_6'
```

步骤 8-4　请求 URL 并使用 beautiful soup 下载内容，代码如下：

```
result = requests.get(url)
c = result.content
soup = BeautifulSoup(c,"lxml")
```

步骤 8-5　了解网站页面结构并提取所需信息，具体步骤如下：

(1) 进入网站，右键单击页面内容，查看网站的 HTML 结构。

(2) 标识要提取的数据和字段。例如，希望从这个页面获得电影名称和 IMDB 评级，因此必须检查电影名称在 HTML 中的哪个 div 或 class 下，并进行相应的解析。为了提取电影名称，可以通过<table class =" chart full-width">和<td class = "titleColumn">来进行解析，如图 1-1 所示。

```
▼<table class="chart full-width" data-caller-name="chart-top250movie">
  ▶<colgroup>…</colgroup>
  ▶<thead>…</thead>
  ▼<tbody class="lister-list">
    ▼<tr>
      ▶<td class="posterColumn">…</td>
      ▶<td class="titleColumn">…</td> == $0
      ▶<td class="ratingColumn imdbRating">…</td>
      ▶<td class="ratingColumn">…</td>
```

图 1-1　从 HTML 结构网站提取电影名称的示例代码

类似地，可以获取其他细节。更多细节请参考步骤 8-6 中的代码。

步骤 8-6　使用 beautiful soup 从 HTML 标签中提取和解析数据，代码如下：

```
summary = soup.find('div',{'class':'article'})
# Create empty lists to append the extracted data.
moviename = []
cast = []
description = []
rating = []
ratingoutof = []
year = []
```

```
genre = []
movielength = []
rot_audscore = []
rot_avgrating = []
rot_users = []
# Extracting the required data from the html soup.
rgx = re.compile('[%s]' % '()')
f = FloatProgress(min=0, max=250)
display(f)
for row,i in zip(summary.find('table').findAll('tr'),range(len(summary.find('table').
findAll('tr')))):
    for sitem in row.findAll('span',{'class':'secondaryInfo'}):
        s = sitem.find(text=True)
        year.append(rgx.sub('', s))
    for ritem in row.findAll('td',{'class':'ratingColumn imdbRating'}):
        for iget in ritem.findAll('strong'):
            rating.append(iget.find(text=True))
            ratingoutof.append(iget.get('title').split(' ', 4)[3])
    for item in row.findAll('td',{'class':'titleColumn'}):
        for href in item.findAll('a',href=True):
            moviename.append(href.find(text=True))
            rurl = 'https://www.rottentomatoes.com/m/'+ href.find(text=True)
            try:
                rresult = requests.get(rurl)
            except requests.exceptions.ConnectionError:
                status_code = "Connection refused"
            rc = rresult.content
            rsoup = BeautifulSoup(rc)
            try:
                rot_audscore.append(rsoup.find('div', {'class':'meter-value'}).find('span', {'class':
                        'superPageFontColor'}).text)
                rot_avgrating.append(rsoup.find('div',{'class':'audience-info hidden-xssuper
                        PageFontColor '}).find('div').contents[2].strip())
```

```
            rot_users.append(rsoup.find('div',{'class':'audience-info hidden-xssuperPage
                FontColor'}).
contents[3].contents[2].strip())
         except AttributeError:
            rot_audscore.append("")
            rot_avgrating.append("")
            rot_users.append("")
         cast.append(href.get('title'))
         imdb = "http://www.imdb.com" + href.get('href')
         try:
            iresult = requests.get(imdb)
            ic = iresult.content
            isoup = BeautifulSoup(ic)
description.append(isoup.find('div', {'class':'summary_text'}).find(text=True).strip())
            genre.append(isoup.find('span', {'class':'itemprop'}).find(text=True))
movielength.append(isoup.find('time', {'itemprop':'duration'}).find(text=True).strip())
         except requests.exceptions.ConnectionError:
            description.append("")
            genre.append("")
            movielength.append("")
sleep(.1)
f.value = i
```

注意，由于以下原因，在执行上述脚本时很可能会遇到错误：

(1) 对 URL 的请求失败，可能需要稍后再试。这在网页抓取中很常见。

(2) 网页是动态的。网站的 HTML 标签一直在变化。了解这些标签，并根据 HTML 对代码进行小的修改，这样就可以了。

步骤 8-7 将列表转换为数据框架，然后可以执行满足业务需求的分析，代码如下：

```
# List to pandas series
moviename = Series(moviename)
cast = Series(cast)
description = Series(description)
rating = Series(rating)
```

```
ratingoutof = Series(ratingoutof)
year = Series(year)
genre = Series(genre)
movielength = Series(movielength)
rot_audscore = Series(rot_audscore)
rot_avgrating = Series(rot_avgrating)
rot_users = Series(rot_users)
# creating dataframe and doing analysis
imdb_df = pd.concat([moviename, year, description, genre, movielength, cast, rating,
            ratingoutof,rot_audscore, rot_avgrating, rot_users], axis=1)
imdb_df.columns = ['moviename', 'year', 'description', 'genre', 'movielength', 'cast',
                   'imdb_rating', 'imdb_ratingbasedon', 'tomatoes_audscore',
                   'tomatoes_rating', 'to matoes_ratingbasedon']
imdb_df['rank'] = imdb_df.index + 1
imdb_df.head(1)
```

输出结果如表 1-1 所示。

表 1-1　网页数据提取结果

	moviename	year	description	genre	movielength	cast	imdb_rating	imdb_ratingbasedon
0	The Shawshank Redemption	1994	Two imprisoned men bond over a number of years	wrongful imprisonment	NaN	Frank Darabont (dir.), Tim Robbins Morgan Fre…	9.2	1,994,354

步骤 8-8　下载数据框架，代码如下：

```
# Saving the file as CSV.
imdb_df.to_csv("imdbdataexport.csv")
```

本章介绍了从可能的源中提取文本数据的大多数方法和技术。接下来的章节将研究如何探索、处理和清洗这些数据，然后研究特征工程以及如何构建自然语言处理应用程序。

第 2 章 探索和处理文本数据

本章将介绍文本数据预处理和探索性数据分析的各种方法和技术。

本章将在文本预处理和探索性数据分析中讨论以下几种方法。

方法 1：将文本数据转换为小写形式。

方法 2：删除标点符号。

方法 3：删除停止词。

方法 4：文本标准化。

方法 5：拼写校正。

方法 6：文本分词。

方法 7：词干提取。

方法 8：词形还原。

方法 9：探索文本数据。

方法 10：建立一个文本预处理流水线。

在介绍方法之前，先了解一下对文本数据进行预处理的必要性。世界上大约 90%的数据是非结构化的，这些非结构化数据以图像、文本、音频和视频的形式存在。文本可以有多种形式，从单个单词列表到句子，再到带有特殊字符的多个段落(如推文和其他标点符号)。文本也可以以网页、HTML、文档等形式出现。这些数据从来都不是“干净”的，它们包含了很多噪声。需要通过执行一些预处理函数来处理这些数据，以确保有正确的输入数据用于特征工程和模型构建。假设不预处理这些数据，那么任何建立在这些数据之上的算法都不会为业务增加任何价值。这使人们联想到数据科学领域中一个非常流行的短语“垃圾输入–垃圾输出”。

预处理包括将原始文本数据转换成可理解的格式。现实世界的数据常常是不完整、不一致的，并且充斥着大量的噪声，还可能包含许多的错误。预处理是解决此类问题的一种行之有效的方法。数据预处理就是为进一步处理准备文本数据。

方法 2-1　将文本数据转换为小写形式

本节将讨论如何将文本数据转换成小写形式，以使所有数据具有统一的格式，并确保“NLP”和“nlp”被视为相同的词。

➤ 问题

如何将文本数据转换为小写形式？

➤ 解决方案

最简单的方法是使用 Python 中的默认函数 lower()。lower()函数将字符串中的所有大写字符转换为小写字符并返回结果。

➤ 实现步骤

按照本节中的步骤，使用 Python 将给定文本或文档的数据转换为小写形式。

步骤 1-1　读取/创建文本数据。

创建一个字符串列表并将其分配给一个变量，代码如下：

```
text=['This is introduction to NLP','It is likely to be useful, to people ','Machine learning
    is the new electricity','There would be less hype around AI and more action going
    forward' ,'python is the best tool!','R is good language','I like this book','I want
    more books like this']
#convert list to data frame
import pandas as pd
df = pd.DataFrame({'tweet':text})
print(df)
```

输出结果如下：

```
        tweet
0       This is introduction to NLP
1       It is likely to be useful, to people
2       Machine learning is the new electricity
3       There would be less hype around AI and more ac...
4       python is the best tool!
5       R is good language
```

```
6         I like this book
7         I want more books like this
```

步骤 1-2 对文本数据执行 lower()函数。

当只有字符串时，直接使用 lower()函数，代码如下：

```
x = 'Testing'
x2 = x.lower()
print(x2)
```

输出结果如下：

```
'testing'
```

想要在一个数据框架上执行小写化操作时，可使用如下函数：

```
df['tweet'] = df['tweet'].apply(lambda x: " ".join(x.lower()
for x in x.split()))
df['tweet']
```

输出结果如下：

```
0         this is introduction to nlp
1         it is likely to be useful, to people
2         machine learning is the new electricity
3         there would be less hype around ai and more ac...
4         python is the best tool!
5         r is good language
6         i like this book
7         i want more books like this
```

执行完以上步骤即可将全部推文转换为小写形式。

方法 2-2 删除标点符号

本节将讨论如何从文本数据中删除标点符号。这一点非常重要，由于标点符号不会增加任何额外的信息或价值，因此删除所有这些符号将有助于减小数据的大小，从而提高计算效率。

➢ 问题

希望从文本数据中删除标点符号。

➤ 解决方案

最简单的方法是使用正则表达式和 replace()函数。

➤ 实现步骤

按照本节中的步骤删除文本数据中的标点符号。

步骤 2-1　读取/创建文本数据。

创建一个字符串列表并将其分配给一个变量，代码如下：

```
text=['This is introduction to NLP','It is likely to be useful, to people ','Machine learning
    is the new electrtcity','There would be less hype around AI and more action going
    forward','python is the best tool!','R is good language','I like this book','I want
    more books like this']
#convert list to data frame
import pandas as pd
df = pd.DataFrame({'tweet':text})
print(df)
```

输出结果如下：

```
                tweet
0               This is introduction to NLP
1               It is likely to be useful, to people
2               Machine learning is the new electricity
3               There would be less hype around AI and more ac...
4               python is the best tool!
5               R is good language
6               I like this book
7               I want more books like this
```

步骤 2-2　对文本数据执行下面的函数。

使用正则表达式和 replace()函数，可以删除文本数据中的标点符号，代码如下：

```
import re
s = "I. like. This book!"
s1 = re.sub(r'[^\w\s]','',s)
s1
```

输出结果如下：

```
'I like This book'
```

或者：

```
df['tweet'] = df['tweet'].str.replace('[^\w\s]','')
df['tweet']
```

输出结果如下：

```
0        This is introduction to NLP
1        It is likely to be useful to people
2        Machine learning is the new electricity
3        There would be less hype around ai and more ac...
4        python is the best tool
5        R is good language
6        I like this book
7        I want more books like this
```

或者：

```
import string
s = "I. like. This book!"
for c in string.punctuation:
    s= s.replace(c,"")
s
```

输出结果如下：

```
'I like This book'
```

方法 2-3　删除停止词

本节将讨论如何从文本数据中删除停止词。停止词是非常常见的一类词，与其他关键词相比没有意义或意义更少。如果将不常用的词移除，则可以把精力放在重要的关键词上。例如，对于搜索引擎，假设你搜索查询的是“How to develop chatbot using python”，如果搜索引擎试图找到包含词“how”“to”“develop”“chatbot”“using”“python”的页面，那么搜索引擎将会找到比包含 developing chatbot 更多的页面，因为词“how”和“to”在英语中太常用了。如果删除这些词，那么搜索引擎实际上可以专注于检索包含关键词“develop”“chatbot”“python”的页面——这将更接近我们真正感兴趣的内容。同样的，也可以删除其他更常用和更少用的词。

➤ 问题

希望从文本数据中删除停止词。

➤ 解决方案

最简单的方法是使用 NLTK 库，或者构建自己的停止词文件。

➤ 实现步骤

按照本节中的步骤删除文本数据中的停止词。

步骤 3-1　读取/创建文本数据。

创建一个字符串列表并将其分配给一个变量，代码如下：

```
text=['This is introduction to NLP','It is likely to be useful, to people ','Machine learning
    is the new electricity','There would be less hype around AI and more action going
    forward','python is the best tool!','R is good language','I like this book','I want
    more books like this']
#convert list to data frame
import pandas as pd
df = pd.DataFrame({'tweet':text})
print(df)
```

输出结果如下：

```
        tweet
0       This is introduction to NLP
1       It is likely to be useful, to people
2       Machine learning is the new electricity
3       There would be less hype around AI and more ac...
4       python is the best tool!
5       R is good language
6       I like this book
7       I want more books like this
```

步骤 3-2　对文本数据执行以下命令。

使用 NLTK 库，可以删除文本数据中的停止词。

```
#install and import libraries
!pip install nltk
import nltk
nltk.download()
```

```
from nltk.corpus import stopwords
#remove stop words
stop = stopwords.words('english')
df['tweet'] = df['tweet'].apply(lambda x: " ".join(x for x in x.split() if x not in stop))
df['tweet']
```

输出结果如下：

```
0    introduction NLP
1    likely useful people
2    Machine learning new electricity
3    would less hype around AI action going forward
4    python best tool
5    R good language
6    like book
7    want books like
```

执行完以上步骤后，文本数据中就没有停止词了，所有的停止词已被删除。

方法 2-4　文本标准化

本节将讨论如何将文本标准化。先了解一下什么是文本标准化以及为什么要进行文本标准化处理。大多数文本数据以客户评论、博客或推文的形式出现，在这些形式中，人们很可能使用简短的单词或缩写来表示相同的意思。文本标准化将使文本的语义在接下来的处理过程中更容易被理解和解析。

➢ 问题

希望实现文本标准化。

➢ 解决方案

可以编写属于自己的字典来查找短单词或缩写。

➢ 实现步骤

按照本节中的步骤实现文本标准化。

步骤 4-1　创建一个自定义查找字典。

该字典将基于数据进行文本标准化，代码如下：

```
lookup_dict = {'nlp':'natural language processing', 'ur':'your', "wbu" : "what about you"}
```

```
import re
```

步骤 4-2　为文本标准化创建一个自定义函数，代码如下：

```
def text_std(input_text):
    words = input_text.split()
    new_words = []
    for word in words:
        word = re.sub(r'[^\w\s]','',word)
        if word.lower() in lookup_dict:
            word = lookup_dict[word.lower()]
            new_words.append(word)
            new_text = " ".join(new_words)
    return new_text
```

步骤 4-3　运行 text_std 函数并检查输出结果，代码如下：

```
text_std("I like nlp it's ur choice")
```

输出结果如下：

```
'natural language processing your'
```

这里 nlp 已经被标准化为 natural language processing，ur 已经被标准化为 your。

方法 2-5　拼 写 校 正

本节将讨论如何进行拼写校正。先了解一下拼写校正的重要性。大多数文本数据都是以客户评论、博客或推文的形式出现的，在这些形式中，人们很可能使用简短的单词，并出现输入错误。拼写校正将帮助人们减少代表相同意思的单词的副本数量。例如，“proccessing”和“processing”，即使它们被用于表达同样的意思，也会被视为不同的词。

请注意，单词缩写应该在这一步之前处理，否则校正器有时会失效。比如，“ur”(实际上是“your”的意思)会被校正为“or”。

➤ 问题

希望做拼写校正。

➤ 解决方案

最简单的方法是使用 TextBlob 库。

➤ 实现步骤

按照本节中的步骤进行拼写校正。

步骤 5-1　读取/创建文本数据。

创建一个字符串列表并将其分配给一个变量，代码如下：

```
text=['Introduction to NLP','It is likely to be useful, to people ','Machine learning is the
    new electrcity','R is good langauage','I like this book','I want more books like this']
#convert list to data frame
import pandas as pd
df = pd.DataFrame({'tweet':text})
print(df)
```

输出结果如下：

```
        tweet
0       Introduction to NLP
1       It is likely to be useful, to people
2       Machine learning is the new electricity
3       R is good language
4       I like this book
5       I want more books like this
```

步骤 5-2　对文本数据执行下面的代码，使用 TextBlob 库可以进行如下拼写校正：

```
#Install textblob library
!pip install textblob
#import libraries and use 'correct' function
from textblob import TextBlob
df['tweet'].apply(lambda x: str(TextBlob(x).correct()))
```

输出结果如下：

```
0       Introduction to NLP
1       It is likely to be useful, to people
2       Machine learning is the new electricity
3       R is good language
4       I like this book
5       I want more books like this
```

如果仔细观察，就可以发现，这一步纠正了 electricity 和 language 的拼写。

也可以使用自动校正库来实现拼写校正，代码如下：

```
#You can also use autocorrect library as shown below
#install autocorrect
!pip install autocorrect
from autocorrect import spell
print(spell(u'mussage'))
print(spell(u'sirvice'))
```

输出结果如下：

```
'message'
'service'
```

方法 2-6　文本分词

本节将介绍分词的方法。分词是指将文本分割成最小的有意义的单元。这里有句子分词器和单词分词器两类。这一节介绍单词分词器，这是文本预处理中的一个强制性步骤。有许多库可以执行分词，比如 NLTK、SpaCy 和 TextBlob。本节介绍一些实现分词的方法。

➤ 问题

希望实现分词。

➤ 解决方案

最简单的方法是使用 TextBlob 库。

➤ 实现步骤

按照本节中的步骤实现分词。

步骤 6-1　读取/创建文本数据。

创建一个字符串列表并将其分配给一个变量，代码如下：

```
text=['This is introduction to NLP','It is likely to be useful, to people ','Machine learning
    is the new electricity','There would be less hype around AI and more action going
    forward','python is the best tool!','R is good language','I like this book','I want more
    books like this']
#convert list to dataframe
```

```
import pandas as pd
df = pd.DataFrame({'tweet':text})
print(df)
```

输出结果如下：

```
        tweet
0       This is introduction to NLP
1       It is likely to be useful, to people
2       Machine learning is the new electricity
3       There would be less hype around AI and more ac...
4       python is the best tool!
5       R is good language
6       I like this book
7       I want more books like this
```

步骤 6-2　对文本数据执行下面的代码，分词的结果是一个词列表。

使用 TextBlob 库。

```
#Using textblob
from textblob import TextBlob
TextBlob(df['tweet'][3]).words
```

输出结果如下：

```
WordList(['would', 'less', 'hype', 'around', 'ai', 'action', 'going', 'forward'])
```

使用 NLTK 库。

```
#using NLTK
import nltk
#create data
mystring = "My favorite animal is cat"
nltk.word_tokenize(mystring)
```

输出结果如下：

```
['My', 'favorite', 'animal', 'is', 'cat']
```

使用 Python 中的 split 函数。

```
#using split function from python
mystring.split()
```

输出结果如下：

```
['My', 'favorite', 'animal', 'is', 'cat']
```

方法 2-7　词干提取

本节将讨论词干提取。词干提取是提取词根的过程。例如，“fish”“fishes”和“fishing”的词根都是 fish。

➤ 问题

希望进行词干提取。

➤ 解决方案

最简单的方法是使用 NLTK 或 TextBlob 库。

➤ 实现步骤

按照本节中的步骤来实现词干提取。

步骤 7-1　读取/创建文本数据。

创建一个字符串列表并将其分配给一个变量，代码如下：

```
text=['I like fishing','I eat fish','There are many fishes in pound']
#convert list to dataframe
import pandas as pd
df = pd.DataFrame({'tweet':text})
print(df)
```

输出结果如下：

```
                tweet
0       I like fishing
1       I eat fish
2       There are many fishes in pound
```

步骤 7-2　文本词干提取。对文本数据执行下面的代码：

```
#Import library
from nltk.stem import PorterStemmer
st = PorterStemmer()
df['tweet'][:5].apply(lambda x: " ".join([st.stem(word) for word in x.split()]))
```

输出结果如下：

```
0       I like fish
1       I eat fish
```

2 There are many fish in pound

如果仔细观察，就可以发现，fish、fishing 和 fishes 都提取出了 fish。

方法 2-8 词 形 还 原

本节将讨论词形还原。词形还原是指通过词汇量来提取词根的过程。例如，“good”“better”或“best”的词形都被还原为“good”。

词的词性由词根决定。词形还原将返回一个单词的字典形式，这个单词必须是一个有效的单词，而词干提取只是提取词根。词形还原和词干提取的区别如下：

(1) 词形还原处理“car”与“cars”的匹配，以及“car”与“automobile”的匹配。

(2) 词干提取只能处理“car”与“cars”的匹配。

(3) 词形还原可以得到更好的结果。

① leafs 的词根形式是 leaf。

② leaves 的词根形式是 leav。

③ leafs 的词形形式是 leaf。

④ leaves 的词形形式也是 leaf。

➢ 问题

希望实现词形还原。

➢ 解决方案

最简单的方法是使用 NLTK 或 TextBlob 库。

➢ 实现步骤

按照本节中的步骤来实现词形还原。

步骤 8-1 读取/创建文本数据。

创建一个字符串列表并将其分配给一个变量，代码如下：

```
text=['I like fishing','I eat fish','There are many fishes in pound', 'leaves and leaf']
#convert list to dataframe
import pandas as pd
df = pd.DataFrame({'tweet':text})
print(df)
```

输出结果如下：

```
        tweet
0       I like fishing
1       I eat fish
2       There are many fishes in pound
3       leaves and leaf
```

步骤 8-2　数据词形还原，对文本数据执行下面的代码：

```
#Import library
from textblob import Word
#Code for lemmatize
df['tweet'] = df['tweet'].apply(lambda x: " ".join([Word(word).lemmatize() for word in
        x.split()]))
df['tweet']
```

输出结果如下：

```
0       I like fishing
1       I eat fish
2       There are many fish in pound
3       leaf and leaf
```

可以发现 fish 和 fishes 都被词形还原为 fish，而 leaves 和 leaf 都被词形还原为 leaf。

方法 2-9　探索文本数据

到目前为止，我们已经熟悉了数据收集和文本预处理。接下来，将进行一些探索性的数据分析。

➤ 问题

希望对文本数据进行探索和理解。

➤ 解决方案

最简单的方法是使用 NLTK 或 TextBlob 库。

➤ 实现步骤

按照下面的步骤实现文本数据的探索。

步骤 9-1　读取文本数据。

执行下面的代码来下载数据集：

```
nltk.download()
#Importing data
import nltk
from nltk.corpus import webtext
nltk.download('webtext')
wt_sentences = webtext.sents('firefox.txt')
wt_words = webtext.words('firefox.txt')
```

步骤 9-2　导入必要的库，用于计算单词出现的频率，代码如下：

```
from nltk.probability import FreqDist
from nltk.corpus import stopwords
import string
```

步骤 9-3　统计数据中的单词数。

统计 wt_sentences 的单词数，代码如下：

```
len(wt_sentences)
```

输出结果如下：

统计 wt_words 的单词数，代码如下：

```
1142
len(wt_words)
```

输出结果如下：

```
102457
```

步骤 9-4　计算所有单词在评论中出现的频率。

生成所有单词的频率，代码如下：

```
frequency_dist = nltk.FreqDist(wt_words)
frequency_dist
#showing only top few results
FreqDist({'slowing': 1,
          'warnings': 6,
          'rule': 1,
          'Top': 2,
          'XBL': 12,
          'installation': 44,
```

```
'Networking': 1,
'incorrect': 1,
'killed': 3,
']"': 1,
'LOCKS': 1,
'limited': 2,
'cookies': 57,
'method': 12,
'arbitrary': 2,
'b': 3,
'titlebar': 6,
sorted_frequency_dist =sorted(frequency_dist,key=frequency_dist.__getitem__, reverse
    =True) sorted_frequency_dist
['.',
 'in',
 'to',
 '"',
 'the',
 '"',
 'not',
 '-',
 'when',
 'on',
 'a',
 'is',
 't',
 'and',
 'of',
```

步骤 9-5　考虑长度大于 3 的单词并绘图。

只取频率大于 3 的单词，代码如下：

```
large_words = dict([(k,v) for k,v in frequency_dist.items() if len(k)>3])
frequency_dist = nltk.FreqDist(large_words)
frequency_dist.plot(50,cumulative=False)
```

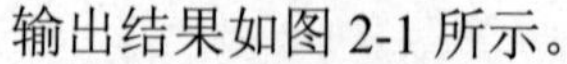
输出结果如图 2-1 所示。

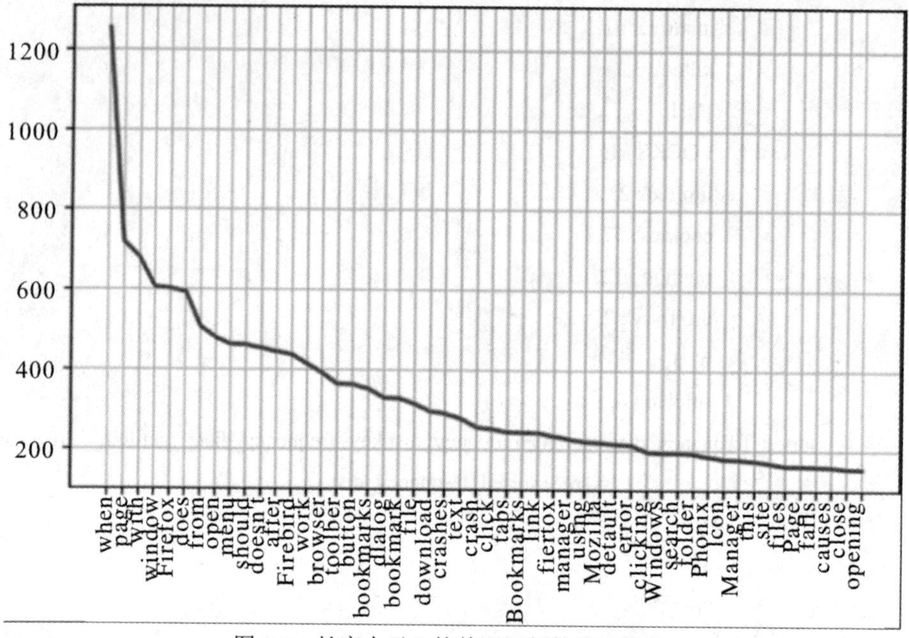

图 2-1　长度大于 3 的单词词频的统计结果

步骤 9-6　构建词云。

词云是最频繁重复的单词的图形表示，用于表征词的大小。构建词云的代码如下：

```
#install library
!pip install wordcloud
#build wordcloud
from wordcloud import WordCloud
wcloud = WordCloud().generate_from_frequencies(frequency_dist)
#plotting the wordcloud
import matplotlib.pyplot as plt
plt.imshow(wcloud, interpolation='bilinear')
plt.axis("off")
(-0.5, 399.5, 199.5, -0.5)
plt.show()
```

输出结果如图 2-2 所示。

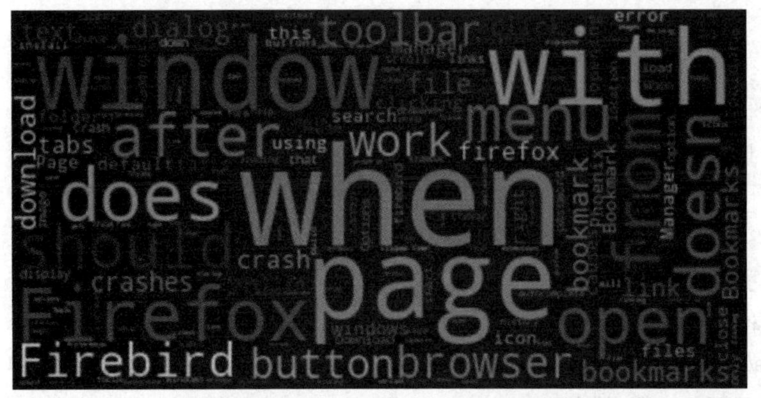

图 2-2　词云结果图

读者可自行尝试先删除停止词，然后构建词云。输出如图 2-3 所示。

图 2-3　删除停止词后的词云结果图

方法 2-10　建立一个文本预处理流水线

到目前为止，已经实现了大部分的文本操作和处理的技术及方法。在本节中，会做一些有趣的事情。

➢ 问题

希望构建一个端到端的文本预处理流水线。无论何时想对任何自然语言处理应用程序进行预处理，都可以直接将数据输入这个流水线函数，并获得所需的干净文本数据作为输出。

➤ 解决方案

最简单的方法是使用到目前为止学习的所有技术来创建自定义函数。

➤ 实现步骤

这项工作是通过将所有可能的处理技术放入包装器函数并通过它传递数据来实现的。

步骤 10-1　读取/创建文本数据。

创建一个字符串列表并将其分配给一个变量，比如一条推文，代码如下：

```
tweet_sample= "How to take control of your #debt https://personal.vanguard.com/us
/insights/saving-investing/debt-management.#Best advice for #family #financial
#success (@PrepareToWin)"
```

也可以使用第 1 章中提取的推特数据。

步骤 10-2　处理文本。执行下面的代码来处理推文：

```
def processRow(row):
    import re
    import nltk
    from textblob import TextBlob
    from nltk.corpus import stopwords
    from nltk.stem import PorterStemmer
    from textblob import Word
    from nltk.util import ngrams
    import re
    from wordcloud import WordCloud, STOPWORDS
    from nltk.tokenize import word_tokenize

    tweet = row
    #Lower case
    tweet.lower()
    #Removes unicode strings like "\u002c" and "x96"
    tweet = re.sub(r'(\\u[0-9A-Fa-f]+)',r' ', tweet)
    tweet = re.sub(r'[^\x00-\x7f]',r' ',tweet)
    #convert any url to URL
    tweet = re.sub('((www\.[^\s]+)|(https?://[^\s]+))','URL',tweet)
    #Convert any @Username to "AT_USER"
```

```
tweet = re.sub('@[^\s]+','AT_USER',tweet)
#Remove additional white spaces
tweet = re.sub('[\s]+', ' ', tweet)
tweet = re.sub('[\n]+', ' ', tweet)
#Remove not alphanumeric symbols white spaces
tweet = re.sub(r'[^\w]', ' ', tweet)
#Removes hastag in front of a word " " "
tweet = re.sub(r'#([^\s]+)', r'\1', tweet)
#Replace #word with word
tweet = re.sub(r'#([^\s]+)', r'\1', tweet)
#Remove :( or :)
tweet = tweet.replace(':)','')
tweet = tweet.replace(':(','')
#remove numbers
tweet = ''.join([i for i in tweet if not i.isdigit()])
#remove multiple exclamation
tweet = re.sub(r"(\!)\1+", ' ', tweet)
#remove multiple question marks
tweet = re.sub(r"(\?)\1+", ' ', tweet)
#remove multistop
tweet = re.sub(r"(\.)\1+", ' ', tweet)
#lemma
from textblob import Word
tweet =" ".join([Word(word).lemmatize() for word in tweet.split()])
#stemmer
#st = PorterStemmer()
#tweet=" ".join([st.stem(word) for word in tweet.split()])
#Removes emoticons from text
tweet = re.sub(':\)|;\)|:-\)|\(-:|:-D|=D|:P|xD|X-p|\^\^|:-*|\^\.\^|\^\-\^|\^\_\^|\,-\)|\)-:|:\'\(|:\
        (|:-\(|:\S|T\.T|\.\_\.|:<|:-\S|:-<|\*\-\*|:O|=O|=\_O|O\.o|XO|O\_O|:-\@|=/|:/|X\-\
        (|>\.<|>=\(|D:',", tweet)
#trim
tweet = tweet.strip('\"")
```

```
        row = tweet
        return row
    #call the function with your data
    processRow(tweet_sample)
```

输出结果如下：

```
'How to take control of your debt URL Best advice for family financial success AT_USER'
```

第 3 章　文本特征工程

本章将介绍从基础的到高级的特征工程(从文本到特征)方法。学习完本章的内容后，读者将会熟悉以下几种方法：

方法 1：使用 One Hot 编码将文本转换为特征。

方法 2：使用统计向量器将文本转换为特征。

方法 3：生成 N-grams。

方法 4：生成共生矩阵。

方法 5：使用哈希向量器。

方法 6：使用词频-逆文档频率将文本转换为特征。

方法 7：实现词嵌入。

方法 8：实现 fastText。

讨论完所有的文本预处理的步骤后，现在来探索自然语言处理的基础——特征工程。机器或算法不能理解字符、单词或句子，它们只能接受数字作为输入，其中也包括二进制数字。但是文本数据的固有特性是非结构化和含有噪声的，这使得它不可能与机器直接交互。

将原始文本数据转换成机器可理解的格式(数字)的过程称为文本数据的特征工程。机器学习和深度学习算法的性能与精度从根本上取决于使用的特征工程的类型。

本章将讨论不同类型的特征工程方法和前沿技术以及这些方法和技术的功能、优缺点和相应示例。所有这些都将使读者认识到特征工程的重要性。

方法 3-1　使用 One Hot 编码将文本转换为特征

传统的特征工程方法是 One Hot 编码。如果有人知道机器学习的基础知识，那么在某个时间点或者大多数时间里，他们肯定会了解到 One Hot 编码。它是一个将分类变量转换成特征的过程，并将这些特征编码为 1 或 0。本节使用相同的逻辑，特征的数量将是整个语料库中出现的词的总数。

➤ 问题

希望使用 One Hot 编码将文本转换为特征。

➤ 解决方案

One Hot 编码将字符或单词转换成如表 3-1 所示的二进制数字。

表 3-1　字符串采用 One Hot 编码转换为二进制数字的结果

字符串	I	love	NLP	is	future
I love NLP	1	1	1	0	0
NLP is future	0	0	1	1	1

➤ 实现步骤

有很多的函数可以生成 One Hot 编码。下面采用其中的一个函数生成 One Hot 编码并进行深入讨论。

步骤 1-1　将单行文本存储在一个变量中，代码如下：

```
Text = "I am learning NLP"
```

步骤 1-2　对文本数据执行下面的函数。get_dummies 是来自 pandas 库用于将文本转换为特征的函数。

```
# Importing the library
import pandas as pd
# Generating the features
pd.get_dummies(Text.split())
```

输出结果如下：

```
      I     NLP    am    learning
0     1     0      0     0
1     0     0      1     0
2     0     0      0     1
3     0     1      0     0
```

从输出结果可以看出，输出有 4 个特征，这是因为输入中有 4 个不同的单词。

方法 3-2　使用统计向量器将文本转换为特征

方法 3-1 有一个缺点，它没有考虑单词出现的频率。如果一个特定的单词出现了很多次，而这一情况没有被考虑，那么有可能丢失信息。统计向量器可以解决这个问题。

本节介绍另一种将文本转换为特征的方法，即统计向量器。

➢ 问题

如何通过统计向量器将文本转换为特征？

➢ 解决方案

统计向量器类似于 One Hot 编码。唯一的区别是，它不是检查特定的单词是否存在，而是对文档中出现的单词进行统计。

请看表 3-2 的例子，“I”和“NLP”在第一个文档中出现了两次。

表 3-2　字符串采用统计向量器转换后的结果

字符串	I	love	NLP	is	future	will	learn	in	2 months
I love NLP and I will learn NLP in 2 months	2	1	2	0	0	1	1	1	1
NLP is future	0	0	1	1	1	0	0	0	0

➢ 实现步骤

sklearn 有一个特征抓取函数，可以从文本中提取特征。下面讨论如何执行文本特征提取操作。从 sklearn 中导入 CountVectorizer 函数，具体代码如下：

```
#importing the function
from sklearn.feature_extraction.text import CountVectorizer
# Text
text = ["I love NLP and I will learn NLP in 2 months "]
# create the transform
vectorizer = CountVectorizer()
# tokenizing
vectorizer.fit(text)
# encode document
vector = vectorizer.transform(text)
# summarize & generating output
print(vectorizer.vocabulary_)
print(vector.toarray())
```

输出结果如下：

```
{'love': 4, 'nlp': 5, 'and': 1, 'will': 6, 'learn': 3, 'in': 2, '2 months': 0}
[[1 1 1 1 1 2 1]]
```

从输出结果可以看出，第五个字符 nlp 在文档中出现了两次。

方法 3-3　生成 N-grams

观察上面的两种方法可以看出，文本中的每个单词都被视为一个特征。这是这两种方法的缺点，即这两种方法不考虑前一个词或后一个词，不考虑是否给出了一个适当且完整的意思。

例如，考虑“not bad”这个词。如果它被拆分成单独的单词，那么它就失去了表达“good”的机会，而这才是这个词的真正含义。

上面的两种方法可能会失去潜在的信息，因为很多单词只有放在一起才有意义。这个问题可以通过 N-grams 来解决。

N-grams 是多个字母或多个单词的融合。它们通过捕捉前一个或后一个单词的形式而存在。

(1) Unigrams 是句子中的单个单词。

(2) Bigrams 是两个单词的组合。

(3) Trigrams 是三个单词的组合，以此类推。

例如，“I am learning NLP”中的 Unigrams、Bigrams 和 Trigrams 分别如下：

Unigrams：“I”“am”“learning”“NLP”。

Bigrams：“I am”“am learning”“learning NLP”。

Trigrams：“I am learning”“am learning NLP”。

➢ 问题

对给定的句子生成 N-grams。

➢ 解决方案

有很多包可以生成 N-grams。最常用的是 textblob。

➢ 实现步骤

步骤 3-1　使用 textblob 生成 N-grams。

文本如下：

```
Text = "I am learning NLP"
```

使用下面的 textblob 函数来创建 N-grams。使用上面定义的文本，并根据需求确定“n”的大小。

```
#Import textblob
from textblob import TextBlob
#For unigram : Use n = 1
TextBlob(Text).ngrams(1)
```

Text 文本的 Unigrams 输出结果如下：

```
[WordList(['I']), WordList(['am']), WordList(['learning']), WordList(['NLP'])]
```

```
#For bigrams, use n = 2
TextBlob(Text).ngrams(2)
```

Text 文本的 Bigrams 输出结果如下：

```
[WordList(['I', 'am']),
WordList(['am', 'learning']),
WordList(['learning', 'NLP'])]
```

输出结果显示有 3 个包含两个单词组合的列表。

步骤 3-2　基于 Bigrams 的文档特征。

与方法 3-2 一样，下面使用统计向量器来生成特征。使用相同的函数生成 Bigrams 特征并查看输出。

```
#importing the function
from sklearn.feature_extraction.text import CountVectorizer
# Text
text = ["I love NLP and I will learn NLP in 2 months "]
# create the transform
vectorizer = CountVectorizer(ngram_range=(2,2))
# tokenizing
vectorizer.fit(text)
# encode document
vector = vectorizer.transform(text)
# summarize & generating output
print(vectorizer.vocabulary_)
print(vector.toarray())
```

输出结果如下：

```
{'love nlp': 3, 'nlp and': 4, 'and will': 0, 'will learn': 6, 'learn nlp': 2, 'nlp in': 5, 'in 2 months': 1}
```

```
[[1 1 1 1 1 1 1]]
```

输出具有 Bigrams 的特性，上面的示例中所有字符的统计结果都是 1。

方法 3-4 生成共生矩阵

本节再讨论一种称为共生矩阵的特征工程方法。

➤ 问题

理解并生成共生矩阵。

➤ 解决方案

共生矩阵类似于统计向量器，它统计单词一起出现的次数，而不是单个单词出现的次数。

➤ 实现步骤

下面介绍如何使用 nltk、bigrams 和一些基本的 Python 编码技能来生成共生矩阵。

步骤 4-1 导入必要的库，代码如下：

```
import numpy as np
import nltk
from nltk import bigrams
import itertools
```

步骤 4-2 创建共生矩阵函数，代码如下：

```
def co_occurrence_matrix(corpus):
    vocab = set(corpus)
    vocab = list(vocab)
    vocab_to_index = { word:i for i, word in enumerate(vocab) }
    # Create bigrams from all words in corpus
    bi_grams = list(bigrams(corpus))
    # Frequency distribution of bigrams ((word1, word2), num_occurrences)
    bigram_freq = nltk.FreqDist(bi_grams).most_common(len(bi_grams))
    # Initialise co-occurrence matrix
    # co_occurrence_matrix[current][previous]
    co_occurrence_matrix = np.zeros((len(vocab), len(vocab)))
```

```
    # Loop through the bigrams taking the current and previous word,
    # and the number of occurrences of the bigram
    for bigram in bigram_freq:
        current = bigram[0][1]
        previous = bigram[0][0]
        count = bigram[1]
        pos_current = vocab_to_index[current]
        pos_previous = vocab_to_index[previous]
        co_occurrence_matrix[pos_current][pos_previous] = count
    co_occurrence_matrix = np.matrix(co_occurrence_matrix)
    # return the matrix and the index
    return co_occurrence_matrix,vocab_to_index
```

步骤 4-3　生成共生矩阵，代码如下：

```
sentences = [['I', 'love', 'nlp'], ['I', 'love','tolearn'], ['nlp', 'is', 'future'], ['nlp', 'is', 'cool']]
# create one list using many lists
merged = list(itertools.chain.from_iterable(sentences))
matrix = co_occurrence_matrix(merged)
# generate the matrix
CoMatrixFinal = pd.DataFrame(matrix[0], index=vocab_to_index,
columns=vocab_to_index)
print(CoMatrixFinal)
```

输出结果如下：

	I	is	love	future	tolearn	cool	nlp
I	0.0	0.0	0.0	0.0	0.0	0.0	1.0
is	0.0	0.0	0.0	0.0	0.0	0.0	2.0
love	2.0	0.0	0.0	0.0	0.0	0.0	0.0
future	0.0	1.0	0.0	0.0	0.0	0.0	0.0
tolearn	0.0	0.0	1.0	0.0	0.0	0.0	0.0
cool	0.0	1.0	0.0	0.0	0.0	0.0	0.0
nlp	0.0	0.0	1.0	1.0	1.0	0.0	0.0

可以发现，“I”“love”和“is”“nlp”一起出现过两次，而其他几个词只出现过一次或未出现。

方法 3-5　哈希向量化

统计向量器和共生矩阵都有一个局限性，即在这两种方法中，词汇表可能变得非常大，进而导致内存/计算问题。解决这个问题的方法之一就是使用哈希向量器。

➤ 问题

理解并生成一个哈希向量器。

➤ 解决方案

哈希向量器具有内存高效的特点，它不会将字符存储为字符串，而是应用哈希技巧将它们编码为数值索引。哈希向量化的缺点是它是单向的，一旦向量化，就无法检索其特征。

➤ 实现步骤

下面举例说明如何使用 sklearn 来实现哈希向量器。

步骤 5-1　导入必要的库并创建文档，代码如下：

```
from sklearn.feature_extraction.text import HashingVectorizer
# list of text documents
text = ["The quick brown fox jumped over the lazy dog."]
```

步骤 5-2　生成哈希向量器矩阵。

创建向量大小为 10 的哈希向量器，代码如下：

```
# Transform
vectorizer = HashingVectorizer(n_features=10)
# create the hashing vector
vector = vectorizer.transform(text)
# summarize the vector
print(vector.shape)
print(vector.toarray())
```

输出结果如下：

```
(1, 10)
[[ 0.  0.57735027  0.  0.  0.  0.  0.  -0.57735027  -0.57735027  0.  ]]
```

这里生成了大小为 10 的哈希向量器矩阵，现在可以将其用于任何有监督/无监督的任务。

方法 3-6　使用词频-逆文档频率将文本转换为特征

上述文本-特征转换方法都有缺点，因此这里引入词频-逆文档频率(TF-IDF)。

假设一个特定的单词出现在语料库的所有文档中，那么它在之前的方法中将会获得更高的重要性。这不利于分析。

使用词频-逆文档频率的目的是反映一个词对于一个集合中的一个文档有多重要，从而对所有文档中经常出现的词进行规范化。

➢ 问题

使用词频-逆文档频率将文本转换为特征。

➢ 解决方案

词频-逆文档频率是词频和逆文档频率的简单组合，它克服了词频和逆文档频率各自的缺点，使得预测和信息检索变得相关。

(1) 词频(TF)：一个单词在句子中出现的次数与句子长度的比值。词频基本上捕捉了单词的重要性，而不考虑文档的长度。例如，一个出现 3 次的单词相对于长度为 10 的句子和长度为 100 的句子是不一样的。在第一种情况下，它应该更加重要，这就是词频的作用。

(2) 逆文档频率(IDF)：每个单词的逆文档频率是文档总行数与该单词在特定文档中出现的行数之比的对数，即 IDF = log(N/n)，其中 N 表示文档总行数，n 表示单词出现的行数。

逆文档频率用于度量一个术语的稀缺性。“a”“the”等词出现在语料库的所有文档中，但罕见的词并不会出现在所有文档中。所以，如果一个词出现在几乎所有的文档中，那么这个词对我们来说是没有用处的，因为它无益于分类或信息检索。逆文档频率用来解决这类问题。

➢ 实现步骤

步骤 6-1　读取文本数据。

```
Text = ["The quick brown fox jumped over the lazy dog.",
```

```
"The dog.",
"The fox"]
```

步骤 6-2 创建特征，对文本数据执行下面的代码：

```
#Import TfidfVectorizer
from sklearn.feature_extraction.text import TfidfVectorizer
#Create the transform
vectorizer = TfidfVectorizer()
#Tokenize and build vocab
vectorizer.fit(Text)
#Summarize
print(vectorizer.vocabulary_)
print(vectorizer.idf_)
```

输出结果如下：

```
Text = ["The quick brown fox jumped over the lazy dog.","The dog.","The fox"]
{'the': 7, 'quick': 6, 'brown': 0, 'fox': 2, 'jumped': 3, 'over': 5, 'lazy': 4, 'dog': 1}
[1.69314718 1.28768207 1.28768207 1.69314718 1.69314718 1.69314718 1.69314718 1. ]
```

输出结果显示“the”出现在所有 3 个文档中，它并没有增加多少价值，因此向量值为 1，这小于其他所有字符的向量值。

到目前为止，上面所有这些方法或技术都是基于频率的，因此可以称为基于频率的嵌入或特征。方法 3-7 介绍基于预测的嵌入，通常称为词嵌入。

方法 3-7 实现词嵌入

本方法假设读者对神经网络的工作原理和权值更新机制有一定的了解。如果读者刚接触神经网络，那么建议先阅读第 6 章，以便对神经网络的工作原理有一个基本的了解。

尽管前面介绍的方法解决了大多数的问题，但是一旦遇到更复杂的问题，比如需要捕捉单词之间的语义关系时，这些方法就会失效。它们面临的挑战如下：

(1) 这些方法都没有抓住词组的来龙去脉和所要表达的意思，它们基本上都基于词组是否出现或出现的频率。但是，我们需要研究如何捕捉上下文或语义关系，即单词相邻出现的频率。例如：

- I am eating an apple.
- I am using apple.

这两个句子中 apple 和不同的相邻单词“eating”“using”一起使用时，它的语义是不一样的。

(2) 对于文档分类(图书馆的图书分类)问题，文档非常大，生成的标记数量非常多。在类似这样的场景中，特征数量可能会失控，从而影响算法的准确性和性能。

机器/算法可以匹配两个文档/文本，并判断它们是否相同。但是，当你搜索 MS Dhoni 时，如何让机器告诉你这是关于 cricket 还是 Virat Kohli 呢？如何让机器明白“Apple is a tasty fruit”中的“Apple”是一种可以食用的水果，而不是一个公司呢?

上述问题的答案在于为单词创建一个表示，以捕获它们的含义、语义关系以及它们所在的不同类型的上下文。

上述挑战可以通过词嵌入来解决。

词嵌入是一种特征学习技术，其中词汇表中的词被映射为捕获上下文层次结构的实数向量。

观察表 3-3，会发现每个单词都由 4 个数的向量表示。使用词嵌入技术，为每个单词派生出这些向量，以便于在以后的分析中使用。在本节的示例中，维度是 4，但是通常使用的维度都大于 100。

表 3-3　词向量表示

Words(单词)	Vectors(向量)			
text(文本)	0.36	0.36	−0.43	0.36
idea(想法)	−0.56	−0.56	0.72	−0.56
word(词)	0.35	−0.43	0.12	0.72
encode(编码)	0.19	0.19	0.19	0.43
document(文档)	−0.43	0.19	−0.43	0.43
grams(克)	0.72	−0.43	0.72	0.12
process(过程)	0.43	0.72	0.43	0.43
feature(特征)	0.12	0.45	0.12	0.87

➤ 问题

希望实现词嵌入。

➤ 解决方案

词嵌入是基于预测的方法，使用浅层神经网络来训练模型，得到学习权重，并使用这些权重作为向量表示。

word2vec：用于训练词嵌入的深度学习谷歌框架。它将使用整个语料库中的所有单词并预测附近的单词。它将为语料库中出现的所有单词创建一个向量，以便于捕获上下文。在词组相似性和词组类比方面，它也优于任何其他方法。

word2vec 主要有两种类型：Skip-Gram 和 CBOW。

➤ 实现步骤

图 3-1 显示了用于构建词嵌入的 CBOW 和 Skip-Gram 算法的体系架构。

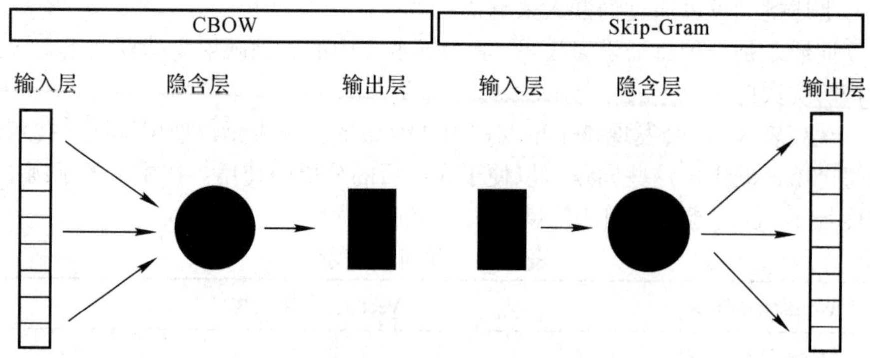

图 3-1　CBOW 和 Skip-Gram 两种算法的体系架构

下面介绍这些模型是如何工作的。

1. Skip-Gram

下面用一个例句来理解 Skip-Gram 模型是如何工作的。每个句子都会生成一个目标词和上下文，这就是附近的单词。在目标变量周围要考虑的单词数称为窗口大小。表 3-4 显示了窗口大小为 2 的所有可能的目标变量和上下文变量。窗口大小需要根据数据和资源来选择。窗口越大，计算能力越强。例句如下：

Text = "I love NLP and I will learn NLP in 2 months"

表 3-4　窗口大小为 2 时的目标变量和上下文变量

示例	目标词	上下文
I love NLP	I	love, NLP
I love NLP and	love	I, NLP, and
I love NLP and I will learn	NLP	I, love, and, I
…	…	…
in 2 months	month	in, 2

由于 Skip-Gram 模型需要大量的文本和很强的计算能力，因此下面继续获取样本数据并构建一个 Skip-Gram 模型。

如第 2 章所述，导入文本语料库并将其分解成句子。执行清洗和预处理，如删除标点和数字，并将句子分割成单词或词组等，代码如下：

```
#Example sentences
sentences = [['I', 'love', 'nlp'],
             ['I', 'will', 'learn', 'nlp', 'in', '2','months'],
             ['nlp', 'is', 'future'],
             ['nlp', 'saves', 'time', 'and', 'solves', 'lot', 'of', 'industry', 'problems'],
             ['nlp', 'uses', 'machine', 'learning']]
#import library
!pip install gensim
import gensim
from gensim.models import Word2Vec
from sklearn.decomposition import PCA
from matplotlib import pyplot
# training the model
skipgram = Word2Vec(sentences, size =50, window = 3, min_count=1,sg = 1)
print(skipgram)
# access vector for one word
print(skipgram['nlp'])
```

输出结果如下：

```
[ 0.00552227 -0.00723104 0.00857073 0.00368054 -0.00071274 0.00837146
  0.00179965 -0.0049786 -0.00448666 -0.00182289 0.00857488 -0.00499459
```

```
0.00188365 -0.0093498   0.00174774 -0.00609793   -0.00533857 -0.007905
-0.00176814 -0.00024082 -0.00181886 -0.00093836 -0.00382601 -0.00986026
0.00312014 -0.00821249 0.00787507 -0.00864689 -0.00686584 -0.00370761
0.0056183   0.00859488 -0.00163146 0.00928791 0.00904601 0.00443816
-0.00192308 0.00941    -0.00202355 -0.00756564 -0.00105471 0.00170084
0.00606918 -0.00848301 -0.00543473 0.00747958 0.0003408 0.00512787
-0.00909613 0.00683905]
```

因为向量大小参数是50，所以模型为每个单词提供了一个大小为50的向量。

执行下面的代码：

```
# access vector for another one word
print(fast['deep'])
```

输出结果如下：

```
KeyError: "word 'deep' not in vocabulary"
```

结果显示得到一个错误，即“deep”这个词不存在，因为这个词不在输入的训练数据中。这就是为什么需要在尽可能多的数据上训练算法的原因。

还有一种方法可以解决这个问题，阅读本章方法 3-6 即可得到答案。

利用下面的代码来保存和加载模型。

```
# save model
skipgram.save('skipgram.bin')
# load model
skipgram = Word2Vec.load('skipgram.bin')
```

T-SNE 图是评价词嵌入的一种方法。下面的代码用于生成 T-SNE 图，看看它是什么样子。

```
# T-SNE plot
X = skipgram[skipgram.wv.vocab]
pca = PCA(n_components=2)
result = pca.fit_transform(X)
# create a scatter plot of the projection
pyplot.scatter(result[:, 0], result[:, 1])
words = list(skipgram.wv.vocab)
for i, word in enumerate(words):
    pyplot.annotate(word, xy=(result[i, 0], result[i, 1]))
pyplot.show()
```

输出结果如图 3-2 所示。

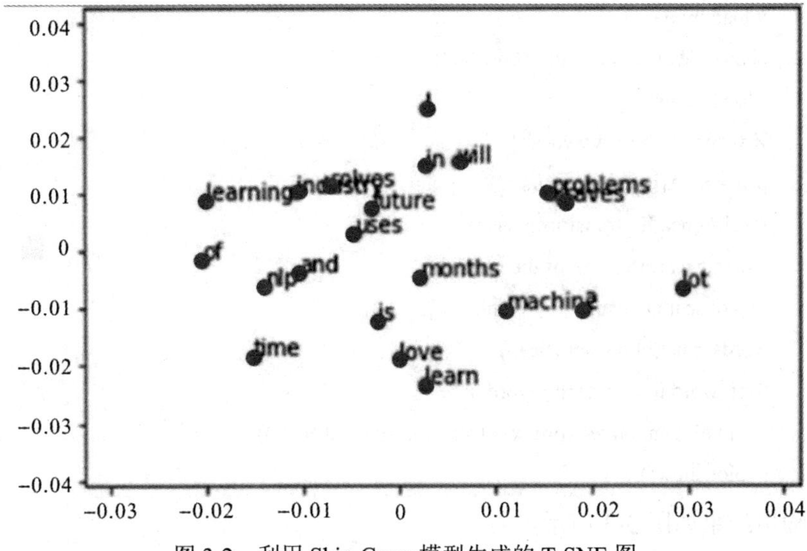

图 3-2　利用 Skip-Gram 模型生成的 T-SNE 图

2. CBOW

下面介绍如何构建 CBOW 模型，代码如下：

```
#import library
from gensim.models import Word2Vec
from sklearn.decomposition import PCA
from matplotlib import pyplot
#Example sentences
sentences = [['I', 'love', 'nlp'],
             ['I', 'will', 'learn', 'nlp', 'in', '2','months'],
             ['nlp', 'is', 'future'],
             ['nlp', 'saves', 'time', 'and', 'solves', 'lot', 'of', 'industry', 'problems'],
             ['nlp', 'uses', 'machine', 'learning']]
# training the model
cbow = Word2Vec(sentences, size =50, window = 3, min_count=1,sg = 1)
print(cbow)
# access vector for one word
print(cbow ['nlp'])
# save model
```

```
cbow.save(' cbow.bin')
# load model
cbow = Word2Vec.load(' cbow.bin')
# T-SNE plot
X = cbow [cbow.wv.vocab]
pca = PCA(n_components=2)
result = pca.fit_transform(X)
# create a scatter plot of the projection
pyplot.scatter(result[:, 0], result[:, 1])
words = list(cbow.wv.vocab)
for i, word in enumerate(words):
    pyplot.annotate(word, xy=(result[i, 0], result[i, 1]))
pyplot.show()
```

输出结果如图 3-3 所示。

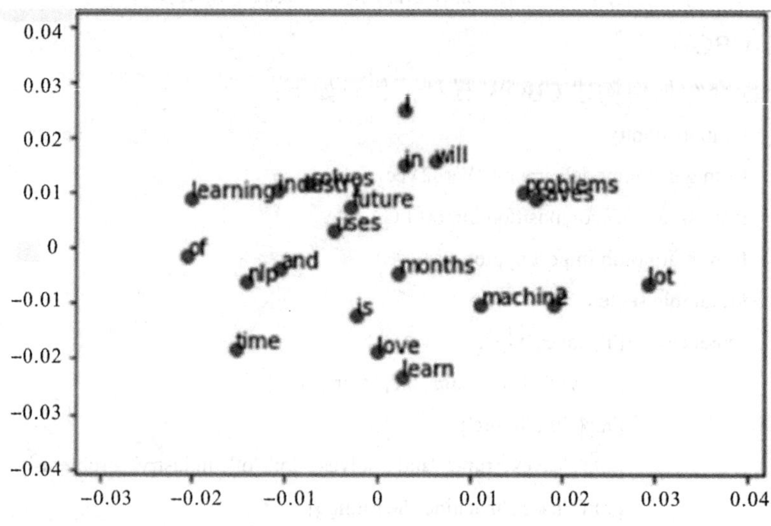

图 3-3　利用 CBOW 模型生成的 T-SNE 图

要训练这些模型，需要很强的计算能力。所以继续使用谷歌的预训练模型，这个模型已经使用超过 1000 亿个单词进行了训练。

从下面的路径下载模型，并保存到本地。

https://drive.google.com/file/d/0B7XkCwpI5KDYNlNUTTlSS21pQmM/edit

导入 gensim 包并按照下面的步骤来理解谷歌的 word2vec。

```
# import gensim package
import gensim
# load the saved model
model  =  gensim.models.Word2Vec.load_word2vec_format('C:\\Users\\GoogleNews-
        vectors-negative300.bin ', binary=True)
#Checking how similarity works.
print (model.similarity('this', 'is'))
```

输出 this 和 is 的相似度得分，结果如下：

```
0.407970363878
#Lets check one more.
print (model.similarity('post', 'book'))
```

输出 post 和 book 的相似度得分，结果如下：

```
0.0572043891977
```

输出结果显示“this”与“is”有很多相似之处，但“post”与“book”的相似度较差。对于任何给定的单词集合，使用两个单词的向量并计算它们之间的相似度，代码如下：

```
# Finding the odd one out
model.doesnt_match('breakfast cereal dinner lunch';.split())
```

输出结果如下：

```
'cereal'
```

在“breakfast”“cereal”“dinner”和“lunch”中，只有 cereal 与剩下的三个词没有任何联系。

执行下面的代码：

```
# It is also finding the relations between words
word_vectors.most_similar(positive=['woman', 'king'], negative=['man'])
```

输出结果如下：

```
queen: 0.7699
```

输出结果显示加上“woman”和“king”，减去“man”，它将 queen 作为预测输出的自信度是 77%。这是不是很神奇？

king ✚ **woman** ━ **man** ⟶ **queen**

下面介绍一个使用 T-SNE 图实现词嵌入的有趣例子。

图 3-4 是词嵌入关于家庭内部和外部的输出表示。仔细观察会发现所有与电器配件有关的词都是相近的，类似地，与浴室设备相关的词也彼此相近。这就是词嵌入的独特之美。

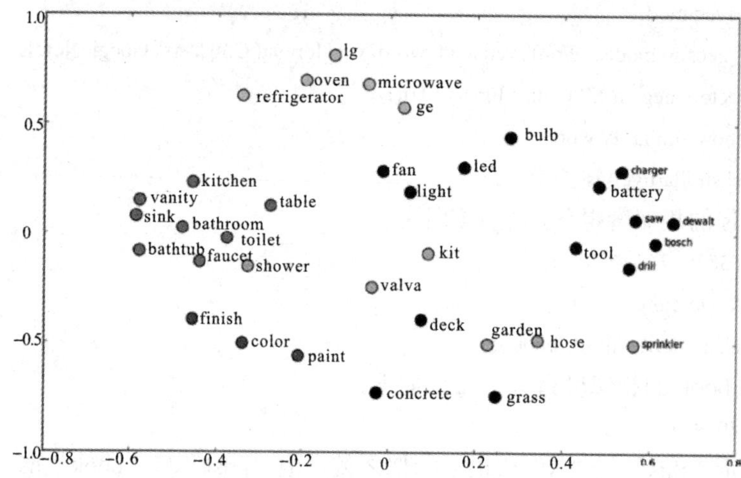

图 3-4　用 T-SNE 图表示家庭内部和外部

方法 3-8　实现 fastText

fastText 是 Facebook 开发的另一个深度学习框架，用于捕获上下文和语义。

➢ 问题

如何在 Python 中实现 fastText？

➢ 解决方案

fastText 是 word2vec 的改进版本。word2vec 考虑用单词来构建表示。但是 fastText 在计算单词的表示时使用每个字符。

➢ 实现步骤

构建 fastText 词嵌入的代码如下：

```
# Import FastText
from gensim.models import FastText
from sklearn.decomposition import PCA
from matplotlib import pyplot
```

```
#Example sentences
sentences = [['I', 'love', 'nlp'],
             ['I', 'will', 'learn', 'nlp', 'in', '2','months'],
             ['nlp', 'is', 'future'],
             ['nlp', 'saves', 'time', 'and', 'solves', 'lot', 'of', 'industry', 'problems'],
             ['nlp', 'uses', 'machine', 'learning']]
fast = FastText(sentences,size=20, window=1, min_count=1, workers=5, min_n=1,
    max_n=2)
# vector for word nlp
print(fast['nlp'])
```

nlp 的词向量的输出结果如下：

```
[-0.00459182 0.00607472 -0.01119007 0.00555629 -0.00781679 -0.01376211
 0.00675235 -0.00840158 -0.00319737 0.00924599 0.00214165 -0.01063819
 0.01226836 0.00852781 0.01361119 -0.00257012 0.00819397 -0.00410289
 -0.0053979 -0.01360016]
# vector for word deep
print(fast['deep'])
```

deep 的词向量的输出结果如下：

```
[ 0.00271002 -0.00242539 -0.00771885 -0.00396854 0.0114902 -0.00640606
 0.00637542 -0.01248098 -0.01207364 0.01400793 -0.00476079 -0.00230879
 0.02009759 -0.01952532 0.01558956 -0.01581665 0.00510567 -0.00957186
 -0.00963234 -0.02059373]
```

在 word2vec 的训练中没有“deep”这个词，所以也没有得到这个词的向量。但是由于 fastText 是在字符级别上构建的，即使是在训练中没有的单词，它也会提供结果。可以看到单词“deep”的向量，但它并不存在于输入的数据中。这就是使用 fastText 的优势。

```
# load model
fast = Word2Vec.load('fast.bin')
# visualize
X = skipgram[skipgram.wv.vocab]
pca = PCA(n_components=2)
result = pca.fit_transform(X)
# create a scatter plot of the projection
```

```
pyplot.scatter(result[:, 0], result[:, 1])
words = list(skipgram.wv.vocab)
for i, word in enumerate(words):
    pyplot.annotate(word, xy=(result[i, 0], result[i, 1]))
pyplot.show()
```

使用 fastText 构建的词嵌入表示结果如图 3-5 所示。

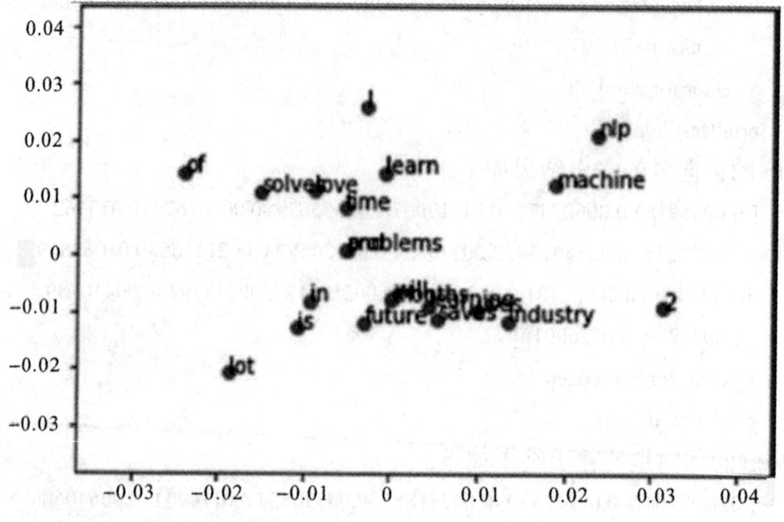

图 3-5　使用 fastText 构建的词嵌入表示结果

图 3-5 显示了 fastText 的词嵌入表示。仔细观察会发现“love”和“solve”这两个词在 fastText 中很接近，但在 Skip-Gram 和 CBOW 中，“love”和“learn”却很接近。这就是字符级嵌入的结果。

学习完本章后，读者已经逐步熟悉并习惯自然语言的处理。现在已经清洗了数据并创建了特征，接下来围绕它构建一些应用程序来解决业务问题。

第 4 章　高级自然语言处理

本章将介绍各种先进的自然语言处理技术并利用机器学习算法从文本数据中提取信息。本章还会介绍一些先进的自然语言处理应用程序的解决方案和实现步骤。

方法 1：提取名词短语。

方法 2：查找文本之间的相似度。

方法 3：词性标注。

方法 4：从文本中提取实体。

方法 5：从文本中提取主题。

方法 6：文本分类。

方法 7：情感分析。

方法 8：消除文本二义性。

方法 9：语音转换为文本。

方法 10：文本转换为语音。

方法 11：语言翻译。

在开始介绍方法之前，先了解一下自然语言处理流水线和生命周期。本书要实现的概念太多了，读者可能会被它的内容弄得不知所措。为了使全书更简洁、流畅，现在介绍自然语言处理解决方案需要遵循的流程。

例如，了解顾客对产品、品牌或服务的情感并对此进行分析和预测。

(1) 定义问题：了解客户对产品的看法。

(2) 深入理解问题：理解客户/用户对产品的感受。比如，我们为什么要这么做？业务影响是什么？等等。

(3) 数据需求头脑风暴：进行头脑风暴活动，列出所有可能的数据源。有如下数据源：

① 所有来自亚马逊、Flipkart 等电子商务平台的客户评论。

② 客户发送的电子邮件。

③ 保修、索赔表格。

④ 调查数据。

⑤ 将呼叫中心的对话语音转换为文本。

⑥ 反馈表。

⑦ 推特、脸书和领英等社交媒体数据。

(4) 数据收集：第 1 章中介绍了不同的数据收集技术，根据不同的数据和问题，可能需要采用多种不同的数据收集方法。这里可以使用网页抓取和推特 API。

(5) 文本预处理：数据并不总是“干净”的，人们需要花费大量的时间来处理它，并使用在第 2 章中讨论过的不同方法从中提取信息。

(6) 文本转换为特征：文本是字符，机器很难理解这些字符，必须使用在第 3 章学到的方法将它们转换成机器和算法可以理解的特征。

(7) 机器学习/深度学习：机器学习/深度学习是人工智能的一部分，它将使系统自动学习数据中的模式，而无需规划。大多数自然语言处理解决方案都是基于此，由于我们已经将文本转换为特征，因此可以利用机器学习或深度学习算法来实现文本分类、自然语言生成等目标。

(8) 洞察和部署：如果没有与业务进行适当的联系，那么对构建的自然语言处理解决方案是毫无用处的。总是需要花点时间将模型/分析输出和业务之间的点连接起来，从而创造最大的价值和影响。

方法 4-1　提取名词短语

在本节中，将从文本数据(一个句子或文档)中提取一个名词短语。

➢ 问题

希望提取一个名词短语。

➢ 解决方案

在想要分析句子中的人称时，名词短语的提取就显得很重要。下面介绍使用 textblob 来提取名词短语的示例。

➢ 实现步骤

执行下面的代码来提取名词短语。

```
#Import libraries
import nltk
```

```
from textblob import TextBlob
#Extract noun
blob = TextBlob("John is learning natural language processing")
for np in blob.noun_phrases:
    print(np)
```

输出结果如下：

```
John
natural language processing
```

方法 4-2　查找文本之间的相似度

本节将讨论如何查找两个文档或文本之间的相似度。相似度指标有很多，比如 Euclidian、cosine、Jaccard 等。文本相似度的应用可以在拼写校正、数据重复删除等领域找到。

以下是一些相似度度量：

(1) 余弦相似度：计算两个向量夹角的余弦值。

(2) Jaccard 相似度：使用单词的交集或并集来计算分数。

(3) Jaccard 系数等于两个集合中的数字除以任一集合中的数字 × 100。

(4) Levenshtein 距离：将字符串“a”转换为字符串“b”所需的插入、删除、替换等操作的最小次数。

(5) 汉明距离：两个字符串中相同符号的位置数。它只对长度相等的字符串有意义。

➤ 问题

希望查找文本/文档之间的相似度。

➤ 解决方案

最简单的方法是使用 sklearn 库中的余弦相似度。

➤ 实现步骤

按照本节中的步骤来计算文本/文档之间的相似度。

步骤 2-1　创建/读取文本数据。以下是数据：

```
documents = ("I like NLP",
```

```
            "I am exploring NLP",
            "I am a beginner in NLP",
            "I want to learn NLP",
            "I like advanced NLP"
)
```

步骤 2-2　执行下面的代码来查找相似度。

```
#Import libraries
from sklearn.feature_extraction.text import TfidfVectorizer
from sklearn.metrics.pairwise import cosine_similarity
#Compute tfidf : feature engineering(refer previous chapter – Recipe 3-4)
tfidf_vectorizer = TfidfVectorizer()
tfidf_matrix = tfidf_vectorizer.fit_transform(documents)
tfidf_matrix.shape
```

词频-逆文档频率输出结果如下：

```
(5, 10)
#compute similarity for first sentence with rest of the sentences
cosine_similarity(tfidf_matrix[0:1],tfidf_matrix)
```

余弦相似度输出结果如下：

```
array([[ 1. , 0.17682765, 0.14284054, 0.13489366, 0.68374784]])
```

仔细观察会发现第一个句子和最后一个句子比其他句子具有更高的相似度。

另一个相似度检查的例子是语音匹配，它大致匹配两个单词或句子，并创建一个字母数字字符串作为文本或单词的编码版本。语音匹配对于搜索大型文本语料库、校正拼写错误和匹配相关名称非常有用。Soundex 和 Metaphone 是两种主要的用于语音匹配的算法。进行语音匹配最简单的方法是使用 fuzzy 库。

(1) 安装并导入库，代码如下：

```
!pip install fuzzy
import fuzzy
```

(2) 运行 Soundex 函数，代码如下：

```
soundex = fuzzy.Soundex(4)
```

(3) 生成 natural 的语音代码如下：

```
soundex('natural')
```

其输出结果为

```
'N364'
```

生成 natuaral 的语音代码如下：

```
soundex('natuaral')
```

其输出结果为

```
'N364'
```

生成 language 的语音代码如下：

```
soundex('language')
```

其输出结果为

```
'L52'
```

生成 processing 的语音代码如下：

```
soundex('processing')
```

其输出结果为

```
'P625'
```

Soundex 将“natural”和“natuaral”视为相同的单词，这两个字符串的语音代码都是“N364”。“language”和“processing”的语音代码分别是“L52”和“P625”。

方法 4-3　词 性 标 注

词性标注是自然语言处理的另一个重要部分，它包括给单词打标签，如名词、动词、形容词等。词性标注是命名实体解析、情感分析、问题回答和词义消歧的基础。

➢ 问题

标注一个句子的词性。

➢ 解决方案

有以下两种方法可以创建标记器。

(1) 基于规则：手动创建规则，标记属于特定词性的单词。

(2) 基于随机：这些算法利用隐藏马尔可夫模型来捕捉单词序列并标注序列的概率。

➤ 实现步骤

NLTK 拥有最好的词性标注模块。nltk.pos_tag(word)是为任何给定单词生成词性标记的函数。使用 for 循环为文档中出现的所有单词生成词性。

步骤 3-1 将文本存储在一个变量中。这是变量：

```
Text = "I love NLP and I will learn NLP in 2 months"
```

步骤 3-2 用于词性标注的 NLTK 的代码如下：

```
# Importing necessary packages and stopwords
import nltk
from nltk.corpus import stopwords
from nltk.tokenize import word_tokenize, sent_tokenize
stop_words = set(stopwords.words('english'))
# Tokenize the text
tokens = sent_tokenize(text)
#Generate tagging for all the tokens using loop
for i in tokens:
    words = nltk.word_tokenize(i)
    words = [w for w in words if not w in stop_words]
    # POS-tagger.
    tags = nltk.pos_tag(words)
tags
```

输出结果如下：

```
[('I', 'PRP'), ('love', 'VBP'), ('NLP', 'NNP'), ('I', 'PRP'), ('learn', 'VBP'), ('NLP', 'RB'),
('2 months', 'CD')]
```

下面是词性标注的简短形式和解释。“love”这个词是 VBP，意思是动词、单数、现在时、非第三人称。

(1) CC：连接词。

(2) CD：基数词。

(3) DT：限定词。

(4) EX：存在句(例如，可以把“there is”想象成“there exists”)。

(5) FW：外来词。

(6) IN：介词/从属连词。

(7) JJ：形容词，如 big。

(8) JJR：形容词比较级，如 bigger。

(9) JJS：形容词最高级，如 biggest。

(10) LS：列表标记。

(11) MD：情态助动词，如 will。

(12) NN：名词、单数，如 desk。

(13) NNS：名词、复数，如 desks。

(14) NNP：专有名词、单数，如 Harrison。

(15) NNPS：专有名词、复数，如 Americans。

(16) PDT：前位限定词，如 all the kids。

(17) POS：所有格结束词，如 parent's。

(18) PRP：人称代词，如 I、he、she。

(19) PRP$：所有格代名词，如 my、his、hers。

(20) RB：副词，如 very、silently。

(21) RBR：副词比较级，如 better。

(22) RBS：副词最高级，如 best。

(23) RP：小品词。

(24) TO：作为介词或不定式格式，如 go to the store。

(25) UH：感叹词。

(26) VB：动词、基本形式，如 take。

(27) VBD：动词、过去式，如 took。

(28) VBG：动词、动名词/现在分词，如 taking。

(29) VBN：动词、过去分词，如 taken。

(30) VBP：动词、单数、现在时、非第三人称。

(31) VBZ：动词、第三人称单数、现在时。

(32) WDT：wh-限定词，如 which。

(33) WP：wh-代词，如 who、what。

(34) WP$：所有格，如 wh-代词 whose。

(35) WRB：wh-疑问副词，如 where、when。

方法 4-4 从文本中提取实体

本节将讨论如何从文本中识别和提取实体，这称为命名实体识别。有许多库可以完成这个任务，比如 NLTK chunker、StanfordNER、SpaCy、opennlp 和

NeuroNER；还有很多 APIs，比如 WatsonNLU、AlchemyAPI、NERD、Google Cloud NLP API 等。

➤ 问题

希望从文本中识别和提取实体。

➤ 解决方案

最简单的方法是使用 NLTK 中的 ne_chunk 或 SpaCy。

➤ 实现步骤

按照本节中的步骤来实现命名实体识别。

步骤 4-1　读取/创建文本数据。这是文本：

```
sent = "John is studying at Stanford University in California"
```

步骤 4-2　提取实体。

使用 NLTK 的 ne_chunk 提取实体，代码如下：

```
#import libraries
import nltk
from nltk import ne_chunk
from nltk import word_tokenize
#NER
ne_chunk(nltk.pos_tag(word_tokenize(sent)), binary=False)
```

输出结果如下：

```
Tree('S', [Tree('PERSON', [('John', 'NNP')]), ('is', 'VBZ'), ('studying', 'VBG'), ('at', 'IN'), Tree ('ORGANIZATION', [('Stanford', 'NNP'), ('University', 'NNP')]), ('in', 'IN'), Tree('GPE', [('California', 'NNP')])])
```

这里“John”标记为“PERSON”；“Stanford”标记为“ORGANIZATION”；“California”标记为“GPE”，表示地理政治学实体，比如国家、城市、州。

使用 spacy 提取实体，代码如下：

```
import spacy
nlp = spacy.load('en')
# Read/create a sentence
doc = nlp(u'Apple is ready to launch new phone worth $10000 in New york time square ')
for ent in doc.ents:
    print(ent.text, ent.start_char, ent.end_char, ent.label_)
```

输出结果如下：

```
Apple 0 5 ORG
10000 42 47 MONEY
New york 51 59 GPE
```

输出结果显示 Apple 是一个组织，10000 是钱，New york 是地方。结果是准确的，可以用于任意自然语言处理应用。

方法 4-5　从文本中提取主题

本节将讨论如何从文档中提取主题。例如，有一个基于图书类型的多个门类的在线图书馆。当新书上市时，需要查看唯一的关键字/主题，然后决定这本书可能属于哪一类，并把它放在相应的地方。在这种情况下，使用主题建模将非常方便。

基本上，这就是文档标记和聚类。

➢ 问题

希望从文档中提取或辨识主题。

➢ 解决方案

最简单的方法是使用 gensim 库。

➢ 实现步骤

按照本节中的步骤使用 genism 库来提取文档中的主题。

步骤 5-1　创建文本数据。这是文本：

```
doc1 = "I am learning NLP, it is very interesting and exciting. it includes machine
        learning and deep learning"
doc2 = "My father is a data scientist and he is nlp expert"
doc3 = "My sister has good exposure into android development"
doc_complete = [doc1, doc2, doc3]
doc_complete
```

输出结果如下：

```
['I am learning NLP, it is very interesting and exciting. it includes machine learning and
deep learning',
'My father is a data scientist and he is nlp expert',
'My sister has good exposure into android development']
```

步骤 5-2　清洗和预处理。

清洗文本的代码如下：

```
# Install and import libraries
!pip install gensim
from nltk.corpus import stopwords
from nltk.stem.wordnet import WordNetLemmatizer
import string
# Text preprocessing as discussed in chapter 2
stop = set(stopwords.words('english'))
exclude = set(string.punctuation)
lemma = WordNetLemmatizer()
def clean(doc):
    stop_free = " ".join([i for i in doc.lower().split() if i not in stop])
    punc_free = " ".join(ch for ch in stop_free if ch not in exclude)
    normalized = " ".join(lemma.lemmatize(word) for word in punc_free.split())
    return normalized
doc_clean = [clean(doc).split() for doc in doc_complete]
doc_clean
```

输出结果如下：

```
[['learning',
  'nlp',
  'interesting',
  'exciting',
  'includes',
  'machine',
  'learning',
  'deep',
  'learning'],
 ['father', 'data', 'scientist', 'nlp', 'expert'],
 ['sister', 'good', 'exposure', 'android', 'development']]
```

步骤 5-3　准备文档术语表，代码如下：

```
# Importing gensim
import gensim
```

```
from gensim import corpora
# Creating the term dictionary of our corpus, where every unique term is assigned an index.
dictionary = corpora.Dictionary(doc_clean)
# Converting a list of documents (corpus) into Document-Term Matrix using
#dictionary prepared above.
doc_term_matrix = [dictionary.doc2bow(doc) for doc in doc_clean]
doc_term_matrix
```

输出结果如下：

```
[[(0, 1), (1, 1), (2, 1), (3, 1), (4, 3), (5, 1), (6, 1)],
[(6, 1), (7, 1), (8, 1), (9, 1), (10, 1)],
[(11, 1), (12, 1), (13, 1), (14, 1), (15, 1)]]
```

步骤 5-4　创建 LDA 模型，代码如下：

```
# Creating the object for LDA model using gensim library
Lda = gensim.models.ldamodel.LdaModel
# Running and Training LDA model on the document term matrix for 3 topics.
ldamodel = Lda(doc_term_matrix, num_topics=3, id2word = dictionary, passes=50)
# Results
print(ldamodel.print_topics())
```

输出结果如下：

```
[(0, '0.063*"nlp" + 0.063*"father" + 0.063*"data" + 0.063*"scientist" + 0.063*"expert"
+ 0.063*"good" + 0.063*"exposure" + 0.063*"development" + 0.063*"android" +
0.063*"sister"'), (1, '0.232*"learning" + 0.093*"nlp" + 0.093*"deep" +
0.093*"includes" + 0.093*"interesting" + 0.093*"machine" + 0.093*"exciting" +
0.023*"scientist" + 0.023*"data" + 0.023*"father"'), (2, '0.087*"sister" + 0.087*"good"
+ 0.087*"exposure" + 0.087*"development" + 0.087*"android" + 0.087*"father" +
0.087*"scientist" + 0.087*"data" + 0.087*"expert" + 0.087*"nlp"')]
```

所有与句子主题相关的单词的权重似乎都差不多。可以对大量数据执行此操作以提取重要的主题。在上面的示例数据上实现此功能的目的是让读者可以在海量数据上使用相同的代码片段，以获得重要的结果和信息。

方法 4-6　文本分类

文本分类的目的是根据预先训练的类别对文本文档进行自动分类。

文本分类的应用包括：

(1) 情感分析。

(2) 文档分类。

(3) 垃圾-正常邮件分类。

(4) 简历筛选。

(5) 文档总结。

➢ 问题

使用机器学习进行垃圾-正常邮件分类。

➢ 解决方案

仔细观察会发现 Gmail 有一个名为“垃圾邮件”的文件夹。它会把你的邮件归类为垃圾邮件或正常邮件，这样你就不必阅读不必要的邮件了。

➢ 实现步骤

下面逐步来构建分类器。

步骤 6-1　数据收集和理解。

从以下链接下载数据，并储存于工作目录：

https://www.kaggle.com/uciml/sms-spam-collection- dataset#spam.csv

数据收集和理解的代码如下：

```
#Read the data
Email_Data = pd.read_csv("spam.csv",encoding ='latin1')
#Data undestanding
Email_Data.columns
Index(['v1', 'v2', 'Unnamed: 2', 'Unnamed: 3', 'Unnamed: 4'], dtype='object')
Email_Data = Email_Data[['v1', 'v2']]
Email_Data = Email_Data.rename(columns={"v1":"Target", "v2":"Email"})
Email_Data.head()
```

输出结果如下：

	Target	Email
0	ham	Go until jurong point, crazy… Available only ...
1	ham	Ok lar... Joking wif u oni...
2	spam	Free entry in 2 a wkly comp to win FA Cup fina...
3	ham	U dun say so early hor... U c already then say...
4	ham	Nah I don't think he goes to usf, he lives aro...

步骤 6-2 文本处理与特征提取。

文本处理的代码如下：

```
#import
import numpy as np
import pandas as pd
import matplotlib.pyplot as plt
import string
from nltk.stem import SnowballStemmer
from nltk.corpus import stopwords
from sklearn.feature_extraction.text import TfidfVectorizer
from sklearn.model_selection import train_test_split
import os
from textblob import TextBlob
from nltk.stem import PorterStemmer
from textblob import Word
from sklearn.feature_extraction.text import CountVectorizer,TfidfVectorizer
import sklearn.feature_extraction.text as text
from sklearn import model_selection, preprocessing, linear_model, naive_bayes,
metrics, svm
#pre processing steps like lower case, stemming and lemmatization
Email_Data['Email']=Email_Data['Email'].apply(lambda x: " ".join(x.lower() for x in x.split()))
stop = stopwords.words('english')
Email_Data['Email'] = Email_Data['Email'].apply(lambda x: " ".join(x for x in x.split()
if x not in stop))
st = PorterStemmer()
Email_Data['Email'] = Email_Data['Email'].apply(lambda x: " ".join([st.stem(word) for
word in x.split()]))
Email_Data['Email'] =Email_Data['Email'].apply(lambda x: " ".join([Word(word).
lemmatize() for word in x.split()]))
Email_Data.head()
```

文本处理的输出结果如下：

```
    Target    Email
0   ham       go jurong point, crazy… avail bugi n great wo...
```

```
1    ham     ok lar... joke wif u oni...
2    spam    free entri 2 wkli comp win fa cup final tkt 21...
3    ham     u dun say earli hor... u c alreadi say...
4    ham     nah think goe usf, live around though…
```

将数据分为训练集和测试集，代码如下：

```
#Splitting data into train and validation
train_x, valid_x, train_y, valid_y = model_selection.train_test_split(Email_Data
['Email'], Email_Data ['Target'])
# TFIDF feature generation for a maximum of 5000 features
encoder = preprocessing.LabelEncoder()
train_y = encoder.fit_transform(train_y)
valid_y = encoder.fit_transform(valid_y)
tfidf_vect = TfidfVectorizer(analyzer='word', token_pattern=r'\w{1,}', max_features= 5000)
tfidf_vect.fit(Email_Data['Email'])
xtrain_tfidf =  tfidf_vect.transform(train_x)
xvalid_tfidf =  tfidf_vect.transform(valid_x)
xtrain_tfidf.data
```

文本特征的输出结果如下：

```
array([0.39933971, 0.36719906, 0.60411187, ..., 0.36682939, 0.30602539,
0.38290119])
```

步骤 6-3　模型训练。这是训练任意给定模型的广义函数：

```
def train_model(classifier, feature_vector_train, label, feature_vector_valid,
is_neural_net=False):
    # fit the training dataset on the classifier
    classifier.fit(feature_vector_train, label)
    # predict the labels on validation dataset
    predictions = classifier.predict(feature_vector_valid)
    return metrics.accuracy_score(predictions, valid_y)
# Naive Bayes trainig
accuracy = train_model(naive_bayes.MultinomialNB(alpha=0.2), xtrain_tfidf, train_y,
        xvalid_tfidf)
print ("Accuracy: ", accuracy)
```

利用朴素贝叶斯训练的模型精度结果如下：

```
Accuracy: 0.985642498205
# Linear Classifier on Word Level TF IDF Vectors
accuracy = train_model(linear_model.LogisticRegression(), xtrain_tfidf, train_y, xvalid_tfidf)
print ("Accuracy: ", accuracy)
```

利用线性分类器训练的模型精度结果如下：

```
Accuracy: 0.970567121321
```

输出结果显示朴素贝叶斯比线性分类器有更好的结果。可以尝试更多的分类器，然后从中选择最好的一个。

方法 4-7　情感分析

本节将讨论如何理解一个特定句子或陈述的情感。情感分析是广泛使用的技术之一，用于了解客户/用户对产品/服务的情感。情感分析给出一个句子/陈述倾向于积极或消极的情绪评分。

➢ 问题

希望实现情感分析。

➢ 解决方案

最简单的方法是使用 TextBlob 库或 vedar 库。

➢ 实现步骤

按照本节中的步骤使用 TextBlob 进行情感分析。下面给出两个指标。

(1) 极性：介于[−1, 1]的范围内，其中 1 表示积极的，−1 表示消极的。

(2) 主观性：指公众的主观意识，而非事实信息，取值介于[0, 1]之间。

步骤 7-1　创建样本数据。以下是样本数据：

```
review = "I like this phone. Screen quality and camera clarity is really good."
review2 = "This tv is not good. Bad quality, no clarity, worst experience"
```

步骤 7-2　清洗和预处理。

这一步参见第 2 章的方法 2-10。

步骤 7-3　获取情感得分。

从 TextBlob 使用一个预先训练的模型，得到情感分数，代码如下：

```
#import libraries
from textblob import TextBlob
#TextBlob has a pre trained sentiment prediction model
```

```
blob = TextBlob(review)
blob.sentiment
```

review 的输出结果如下：

```
Sentiment(polarity=0.7, subjectivity=0.6000000000000001)
```

输出结果显示这似乎是一个非常积极的评论。

```
#now lets look at the sentiment of review2
blob = TextBlob(review2)
blob.sentiment
```

review2 的输出结果如下：

```
Sentiment(polarity = -0.6833333333333332, subjectivity = 0.7555555555555555)
```

输出结果显示这是一个消极的评论，因为极性取值是“ -0.68”。

注意：在第 5 章的方法 5-2 中，将介绍一个端到端实现的实时情感分析用例。

方法 4-8　消除文本二义性

同一词语在不同的语境中可以表示不同的含义，会造成语句出现歧义的现象。例如，下面两个文本中的“bank”：

```
Text1 = 'I went to the bank to deposit my money'
Text2 = 'The river bank was full of dead fishes'
```

在上述两个文本中，“bank”一词根据不同的上下文有不同的含义。

➤ 问题

理解如何实现词义消歧。

➤ 解决方案

Lesk 算法是最佳的词义消歧算法之一。下面介绍如何使用 pywsd 包和 nltk 解决这个问题。

➤ 实现步骤

步骤 8-1　导入库，代码如下：

```
#Install pywsd
!pip install pywsd
#Import functions
```

```
from nltk.corpus import wordnet as wn
from nltk.stem import PorterStemmer
from itertools import chain
from pywsd.lesk import simple_lesk
```

步骤 8-2　消除词义歧义，代码如下：

```
# Sentences
bank_sents = ['I went to the bank to deposit my money',
              'The river bank was full of dead fishes']
# calling the lesk function and printing results for both the sentences
print ("Context-1:", bank_sents[0])
answer = simple_lesk(bank_sents[0],'bank')
print ("Sense:", answer)
print ("Definition : ", answer.definition())
print ("Context-2:", bank_sents[1])
answer = simple_lesk(bank_sents[1],'bank','n')
print ("Sense:", answer)
print ("Definition : ", answer.definition())
```

输出结果如下：

```
Context-1: I went to the bank to deposit my money
Sense: Synset('depository_financial_institution.n.01')
Definition : a financial institution that accepts deposits and channels the money into
lending activities
Context-2: The river bank was full of dead fishes
Sense: Synset('bank.n.01')
Definition : sloping land (especially the slope beside a body of water)
```

注意：在语境 1 中，“bank”是金融机构，而在语境 2 中，“bank”是坡地。

方法 4-9　语音转换为文本

语音到文本的转换是一项非常有用的自然语言处理技术。

➤ 问题

希望将语音转换为文本。

➤ 解决方案

最简单的方法是使用语音识别和 PyAudio。

➤ 实现步骤

按照本节中的步骤来实现语音到文本的转换。

步骤 9-1　理解/定义业务问题。

人类与机器的交互方式趋向于语音交互，这也是人类交流的常用方式。最常见的例子有 Siri、Alexa 的 Google Voice 等。

步骤 9-2　安装和导入必要的库。代码如下：

```
!pip install SpeechRecognition
!pip install PyAudio
import speech_recognition as sr
```

步骤 9-3　运行以下代码。在运行完以下代码片段之后，在麦克风上说的任何内容(使用 recognize_google 函数)都将转换为文本。

```
r=sr.Recognizer()
with sr.Microphone() as source:
    print("Please say something")
    audio = r.listen(source)
    print("Time over, thanks")
try:
    print("I think you said: "+r.recognize_google(audio));
except:
    pass;
```

输出结果如下：

```
Please say something
Time over, thanks
I think you said: I am learning natural language processing
```

此代码使用的默认语言是“英语”。如果你说的是任何其他语言，例如印第安语，文本将被转换为英语的形式，代码如下：

```
#code snippet
r=sr.Recognizer()
with sr.Microphone() as source:
    print("Please say something")
    audio = r.listen(source)
```

```
    print("Time over, thanks")
try:
    print("I think you said: "+r.recognize_google(audio));
except:
    pass;
```

输出结果如下：

```
Please say something
Time over, thanks
I think you said: aapka naam kya hai
```

如果你想要口语文本，则运行以下代码片段。这里对 recognize_google 函数做了一些小的修改(' hi-IN '的意思是印第安语)。

```
#code snippet
r=sr.Recognizer()
with sr.Microphone() as source:
    print("Please say something")
    audio = r.listen(source)
    print("Time over, thanks")
try:
    print("I think you said: "+r.recognize_google(audio, language ='hi-IN'));
except sr.UnknownValueError:
    print("Google Speech Recognition could not understand audio")
except sr.RequestError as e:
    print("Could not request results from Google Speech Recognition service;
      {0}".format(e))
except:
    pass;
```

方法 4-10　文本转换为语音

将文本转换成语音是另一项有用的自然语言处理技术。

➢ 问题

希望将文本转换为语音。

➤ 解决方案

最简单的方法是使用 gTTs 库。

➤ 实现步骤

按照本节中的步骤来实现从文本到语音的转换。

步骤 10-1　安装和导入必要的库。代码如下：

```
!pip install gTTS
from gtts import gTTS
```

步骤 10-2　运行下面的代码，用 gTTS 函数实现从文本到语音的转换。

在运行完下面的代码片段之后，在文本参数中输入的任何内容都会转换为音频。

```
#chooses the language, English('en')
convert = gTTS(text='I like this NLP book', lang='en', slow=False)
# Saving the converted audio in a mp3 file named
myobj.save("audio.mp3")
```

输出结果如下：

```
Please play the audio.mp3 file saved in your local machine to hear the audio.
```

方法 4-11　语 言 翻 译

本方法实现语言检测和翻译。

无论何时，分析来自全球博客的数据，尤其是来自中国这样的国家的网站数据(在这些国家，中文被广泛使用)，或对这些数据执行自然语言处理任务都是困难的。语言翻译就是用于解决这些困难问题的。

➤ 问题

希望把一种语言翻译成另一种语言。

➤ 解决方案

最简单的方法是使用 goslate 库。

➤ 实现步骤

按照本节中的步骤来实现 Python 中的语言翻译。

步骤 11-1　安装和导入必要的库。代码如下：

```
!pip install goslate
```

```
import goslate
```

步骤 11-2　输入文本，即一个简单的短语：

```
text = "Bonjour le monde"
```

步骤 11-3　运行 goslate 函数，即翻译函数：

```
gs = goslate.Goslate()
translatedText = gs.translate(text,'en')
print(translatedText)
```

输出结果如下：

```
Hi world
```

本章已经实现了很多高级的自然语言处理应用和技术。接下来的章节中，将研究围绕自然语言处理的行业应用程序、它们的解决方案以及端到端的实现。

第 5 章 自然语言处理的行业应用

本章将为一些围绕自然语言处理的行业应用程序提供端到端解决方案。

方法 1：消费者投诉分类。

方法 2：实现情感分析。

方法 3：应用文本相似度函数。

方法 4：文本数据总结。

方法 5：文档聚类。

方法 6：搜索引擎中的自然语言处理。

在学习了前 4 章的内容后，读者已经对自然语言处理的相关概念了然于胸，并做好了解决业务问题的准备。需要记住这 4 章的内容，并思考解决这些问题的方法。在用于构建应用程序时，自然语言处理可以是一个概念，也可以是一系列概念的组合。

下面逐步介绍一些应用的端到端实现过程。

方法 5-1 消费者投诉分类

通过解决金融行业的消费者投诉的分类来理解如何在 Python 中实现文本数据的多种分类。

➤ 问题

美国消费者金融保护局(Consumer Financial Protection Bureau)每周都会向企业发送数千份消费者对金融产品和服务的投诉，要求企业做出回应。根据投诉的描述，将消费者的投诉按其所属产品的类别进行分类。

➤ 解决方案

该项目的目标是将投诉引入特定的类别。由于金融产品和服务有多个类别，这就变成了一个多类分类问题，这类问题可以通过许多机器学习算法来解决。

一旦算法实现就位，无论何时出现新的投诉，都可以轻松地对其进行分类，然后将其重定向到相关人员。这将节省大量时间，因为这样做还可以尽量减少人工干预，以决定应该向谁投诉。

➤ 实现步骤

使用多种不同的机器学习算法来研究数据并建立分类问题，看看哪个给出的结果更好。

步骤 1-1　从 Kaggle 获取数据。

从下面的链接下载数据。

https://www.kaggle.com/subhassing/exploring-consumer-complaintdata/data

步骤 1-2　导入库。代码如下：

```
import numpy as np
import pandas as pd
import matplotlib.pyplot as plt
import string
from nltk.stem import SnowballStemmer
from nltk.corpus import stopwords
from sklearn.feature_extraction.text import TfidfVectorizer
from sklearn.model_selection import train_test_split
import os
from textblob import TextBlob
from nltk.stem import PorterStemmer
from textblob import Word
from sklearn.feature_extraction.text import CountVectorizer,TfidfVectorizer
import sklearn.feature_extraction.text as text
from sklearn import model_selection, preprocessing, linear_model, naive_bayes, metrics, svm
from sklearn.naive_bayes import MultinomialNB
from sklearn.linear_model import LogisticRegression
from sklearn.ensemble import RandomForestClassifier
from sklearn.svm import LinearSVC
from sklearn.model_selection import cross_val_score
from io import StringIO
import seaborn as sns
```

步骤 1-3　导入数据。

导入步骤 1-1 下载的数据，代码如下：

```
Data = pd.read_csv("/Consumer_Complaints.csv",encoding='latin-1')
```

步骤 1-4　数据理解。

下面来分析数据中的这些列，代码如下：

```
Data.dtypes
date_received                    object
product                          object
sub_product                      object
issue                            object
sub_issue                        object
consumer_complaint_narrative     object
company_public_response          object
company                          object
state                            object
zipcode                          object
tags                             object
consumer_consent_provided        object
submitted_via                    object
date_sent_to_company             object
company_response_to_consumer     object
timely_response                  object
consumer_disputed?               object
complaint_id                     int64

# Selecting required columns and rows
Data = Data[['product', 'consumer_complaint_narrative']]
Data = Data[pd.notnull(Data['consumer_complaint_narrative'])]
# See top 5 rows
Data.head()
          product          consumer_complaint_narrative
190126    Debt collection  XXXX has claimed I owe them {$27.00} for XXXX ...
190135    Consumer Loan    Due to inconsistencies in the amount owed that...
```

```
190155      Mortgage          In XX/XX/XXXX my wages that I earned at my job...
190207      Mortgage          I have an open and current mortgage with Chase...
190208      Mortgage          XXXX was submitted XX/XX/XXXX. At the time I s...
# Factorizing the category column
Data['category_id'] = Data['product'].factorize()[0]
Data.head()
            product           consumer_complaint_narrative
190126      Debt collection   XXXX has claimed I owe them {$27.00} for XXXX ...
190135      Consumer Loan     Due to inconsistencies in the amount owed that...

            category_id
190126              0
190135              1
# Check the distriution of complaints by category
Data.groupby('product').consumer_complaint_narrative.count()
product
Bank account or service                   5711
Consumer Loan                             3678
Credit card                               7929
Credit reporting                         12526
Debt collection                          17552
Money transfers                            666
Mortgage                                 14919
Other financial service                    110
Payday loan                                726
Prepaid card                               861
Student loan                              2128
# Lets plot it and see
fig = plt.figure(figsize=(8,6))
Data.groupby('product').consumer_complaint_narrative.count().
plot.bar(ylim=0)
plt.show()
```

数据分类统计结果如图 5-1 所示。

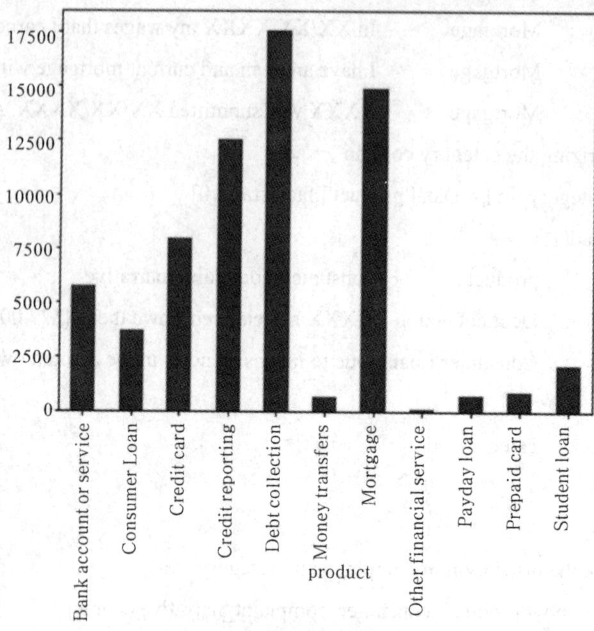

图 5-1　数据分类统计结果

可以看出，有关收债(Debt collection)和按揭(Mortgage)的投诉最多。

步骤 1-5　分割数据。

将数据分解，分别用于训练和验证，代码如下：

```
train_x, valid_x, train_y, valid_y = model_selection.train_test_ split(Data['consumer_
                                        complaint_narrative'], Data['product'])
```

步骤 1-6　使用词频-逆文档频率(TF-IDF)进行特征提取。

创建第 3 章中讨论的词频-逆文档频率向量。这里认为最大特征是 5000。实现代码如下：

```
encoder = preprocessing.LabelEncoder()
train_y = encoder.fit_transform(train_y)
valid_y = encoder.fit_transform(valid_y)
tfidf_vect = TfidfVectorizer(analyzer='word', token_pattern=r'\w{1,}', max_features = 5000)
tfidf_vect.fit(Data['consumer_complaint_narrative'])
xtrain_tfidf = tfidf_vect.transform(train_x)
xvalid_tfidf = tfidf_vect.transform(valid_x)
```

步骤 1-7　模型建立和评估。

假设正在构建一个基于单词级词频-逆文档频率向量的线性分类器。为分类器使用默认的超参数。可以像 C、max_iter 或 solver 那样更改参数，以获得更好的结果。实现代码如下：

```
model = linear_model.LogisticRegression().fit(xtrain_tfidf, train_y)
# Model summary
LogisticRegression( C=1.0, class_weight=None, dual=False, fit_intercept=True, intercept
                    _scaling=1, max_iter=100, multi_class='ovr', n_jobs=1,
                    penalty='l2', random_state=None, solver='liblinear', tol=0.0001,
                    verbose=0, warm_start=False)
# Checking accuracy
accuracy = metrics.accuracy_score(model.predict(xvalid_tfidf), valid_y)
print ("Accuracy: ", accuracy)
# Classification report
print(metrics.classification_report(valid_y, model.predict(xvalid_tfidf), target_names=
Data['product']. Unique ()))
```

输出结果如下：

	precision	recall	f1-score	support
Debt collection	0.81	0.79	0.80	1414
Consumer Loan	0.81	0.56	0.66	942
Mortgage	0.80	0.82	0.81	1997
Credit card	0.85	0.85	0.85	3162
Credit reporting	0.82	0.90	0.86	4367
Student loan	0.77	0.48	0.59	151
Bank account or service	0.92	0.96	0.94	3717
Payday loan	0.00	0.00	0.00	26
Money transfers	0.76	0.23	0.35	172
Other financial service	0.77	0.57	0.65	209
Prepaid card	0.92	0.76	0.83	545
Avg/total	0.84	0.85	0.84	16702

```
#confusion  matrix
conf_mat = confusion_matrix(valid_y, model.predict(xvalid_tfidf))
# Vizualizing confusion matrix
category_id_df = Data[['product', 'category_id']].drop_duplicates(). sort_values ('category_id')
category_to_id = dict(category_id_df.values)
```

```
id_to_category = dict(category_id_df[['category_id', 'product']].values)
fig, ax = plt.subplots(figsize=(8,6))
sns.heatmap(conf_mat, annot=True, fmt='d', cmap="BuPu", xticklabels=category_id_df
            [['product']].values, yticklabels= category_id_df[['product']].values)
plt.ylabel('Actual')
plt.xlabel('Predicted')
plt.show()
```

样本数据预测分析结果如图 5-2 所示。

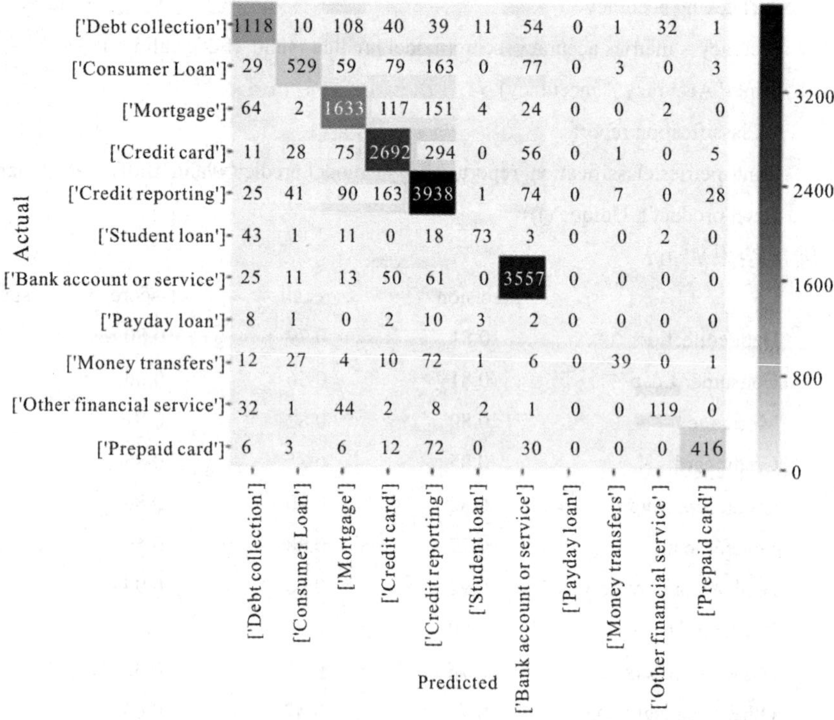

图 5-2　样本数据预测分析结果

85%的准确率对于基线模型来说是很好的。除了“Payday loan”之外，准确率和召回率在所有类别中看起来都不错。再看看 Payload loan，大多数错误的预测来源于 Debt collection 和 Credit card，这可能是因为这类样本的数量较少。Payload loan 更像是 Credit card 的一个子类。可以将这些样本添加到任何其他组中，使模型更加稳定。举个例子来看看预测结果是什么样的。

```
# Prediction example
```

```
texts = ["This company refuses to provide me verification and validation of debt"+ "per
        my right under the FDCPA. I do not believe this debt is mine."]
text_features = tfidf_vect.transform(texts)
predictions = model.predict(text_features)
print(texts)
print("   - Predicted as: '{}'".format(id_to_category[predictions[0]]))
```

输出结果如下：

```
['This company refuses to provide me verification and validation of debtper my right
under the FDCPA. I do not believe this debt is mine.']
- Predicted as: 'Credit reporting'
```

为了提高准确性，可以采用以下方法：

(1) 使用随机森林、支持向量机、GBM、神经网络、朴素贝叶斯等不同算法重复这个过程。

(2) 采用深度学习技术，如 RNN 和 LSTM(将在下一章讨论)等。

(3) 在每一种算法中，都有许多参数可以调整，以获得更好的结果。这可以通过网格搜索轻松实现，即尝试所有可能的组合，然后给出最好的结果。

方法 5-2　实现情感分析

本节将实现一个常见的自然语言处理应用——情感分析。从商业的角度来看，了解客户对产品/服务的反馈是非常重要的，这有助于提高客户对产品/服务的满意度。

➢ 问题

希望实现情感分析。

➢ 解决方案

最简单的方法是使用 TextBlob 库或 vaderSentiment 库。由于之前已经使用了 TextBlob 库，因此现在使用 vaderSentiment 库。

➢ 实现步骤

按照本节中的步骤来实现对业务问题的情感分析。

步骤 2-1　理解/定义业务问题。

了解产品在市场上的表现。顾客对特定产品的反应如何？消费者对产品的看法是什么？更多类似的问题都可以用情感分析来回答。

步骤 2-2　确定潜在的数据源，收集和理解数据。

本节使用亚马逊食品评论的数据集。利用这些数据并从中提取信息。可以从以下链接下载数据：

https://www.kaggle.com/snap/amazon-fine-food-reviews

利用数据并从中提取信息的代码及输出结果如下：

```
# Import necessary libraries
import numpy as np
import pandas as pd
import matplotlib.pyplot as plt
%matplotlib inline
#Read the data
df = pd.read_csv('Reviews.csv')
# Look at the top 5 rows of the data
df.head(5)
#output
```

亚马逊食品评论数据集前五条评论数据如表 5-1 所示。

表 5-1　亚马逊食品评论数据集前五条评论数据

	id	Productid	Userid	ProfileName	Heipfuiness Numerator	Helpfutness-Denominator	Score	Time	Summary	Text
0	1	B001E4KFG0	A3SGXH7AUHU8GW	delmartian	1	1	5	1303862400	Good Quality Dog Food	I have bought several of the Vitality canned d...
1	2	B00813GRG4	A1D87F6ZCVE5NK	dll pa	0	0	1	1340976000	Not as Advertised	Product arrived labeled as Jumbo Salted Peanut...
2	3	B000LQ0CH0	ABXLMWJIXXAIN	*Natalia Corres Natalla Corres*	1	1	4	1210017600	"Delight" says it all	This is a confection that has been around a fe...
3	4	B000UAQIQ	A395BORC6FGVXV	Karl	3	3	2	1307923200	Cough Medicine	If you are looking for the secret ingredient i...
4	5	B006K2ZZ7K	A1UQRSCLF8GW1T	Michael D.Bigham *M. Wassir*	0	0	5	1350777600	Great taffy	Great taffy at a great price.There was a wid...

理解各列数据类型，代码如下：

```
# Understand the data types of the columns
df.info()
```

输出结果如下：

```
Data columns (total 10 columns):
```

```
Id                          5 non-null int64
ProductId                   5 non-null object
UserId                      5 non-null object
ProfileName                 5 non-null object
HelpfulnessNumerator        5 non-null int64
HelpfulnessDenominator      5 non-null int64
Score                       5 non-null int64
Time                        5 non-null int64
Summary                     5 non-null object
Text                        5 non-null object
```

查看前五条评论的 Summary 列，代码如下：

```
dtypes: int64(5), object(5)
# Looking at the summary of the reviews.
df.Summary.head(5)
```

输出结果如下：

```
0        Good Quality Dog Food
1        Not as Advertised
2        "Delight" says it all
3        Cough Medicine
4        Great taffy
```

查看前五条评论的 Text 列，代码如下：

```
# Looking at the description of the reviews
df.Text.head(5)
```

输出结果如下：

```
0    I have bought several of the Vitality canned d...
1    Product arrived labeled as Jumbo Salted Peanut...
2    This is a confection that has been around a fe...
3    If you are looking for the secret ingredient i...
4    Great taffy at a great price. There was a wid...
```

步骤 2-3　文本预处理。

这一步很重要。下面执行第 2 章中讨论过的预处理任务。实现代码及输出结果如下：

```
# Import libraries
```

```
from nltk.corpus import stopwords
from textblob import TextBlob
from textblob import Word
# Lower casing and removing punctuations
df['Text'] = df['Text'].apply(lambda x: " ".join(x.lower() for x in x.split()))
df['Text'] = df['Text'].str.replace('[^\w\s]','')
df.Text.head(5)
```

字母小写化和删除标点符号的输出结果如下：

```
0        i have bought several of the vitality canned d...
1        product arrived labeled as jumbo salted peanut...
2        this is a confection that has been around a fe...
3        if you are looking for the secret ingredient i...
4        great taffy at a great price there was a wide ...
```

```
# Removal of stop words
stop = stopwords.words('english')
df['Text'] = df['Text'].apply(lambda x: " ".join(x for x in x.split() if x not in stop))
df.Text.head(5)
```

删除停止词的输出结果如下：

```
0        bought several vitality canned dog food produc...
1        product arrived labeled jumbo salted peanutsth...
2        confection around centuries light pillowy citr...
3        looking secret ingredient robitussin believe f...
4        great taffy great price wide assortment yummy ...
```

```
# Spelling correction
df['Text'] = df['Text'].apply(lambda x: str(TextBlob(x).correct()))
df.Text.head(5)
```

拼写校正的输出结果如下：

```
0        bought several vitality canned dog food produc...
1        product arrived labelled lumbo halted peanutst...
2        connection around centuries light pillow citie...
3        looking secret ingredient robitussin believe f...
4        great staff great price wide assortment mummy ...
```

```
# Lemmatization
```

```
df['Text'] = df['Text'].apply(lambda x: " ".join([Word(word).lemmatize() for word in x.
        split()]))
df.Text.head(5)
```

词形还原的输出结果如下：

```
0        bought several vitality canned dog food produc...
1        product arrived labelled lumbo halted peanutst...
2        connection around century light pillow city ge...
3        looking secret ingredient robitussin believe f...
4        great staff great price wide assortment mummy ...
```

步骤 2-4　探索性数据分析。

这一步与情感预测没有任何联系。这里要做的是更深入地挖掘数据并理解它。

```
# Create a new data frame "reviews" to perform exploratory data analysis upon that
reviews = df
# Dropping null values
reviews.dropna(inplace=True)
# The histogram reveals this dataset is highly unbalanced towards high rating
reviews.Score.hist(bins=5,grid=False)
plt.show()
print(reviews.groupby('Score').count().Id)
# To make it balanced data, we sampled each score by the lowest n-count from above
(i.e. 29743 reviews scored as '2')
score_1 = reviews[reviews['Score'] == 1].sample(n=29743)
score_2 = reviews[reviews['Score'] == 2].sample(n=29743)
score_3 = reviews[reviews['Score'] == 3].sample(n=29743)
score_4 = reviews[reviews['Score'] == 4].sample(n=29743)
score_5 = reviews[reviews['Score'] == 5].sample(n=29743)
# Here we recreate a 'balanced' dataset.
reviews_sample = pd.concat([score_1,score_2,score_3,score_4,score_5],axis=0)
reviews_sample.reset_index(drop=True,inplace=True)
```

如果你正从零开始训练自己的情感分类器，那么可以使用这个数据集。可以按照与文本分类相同的步骤(方法 5-1)来实现情感分类。这里，目标变量使用的是得分创建的积极、消极和中性变量。

(1) 得分小于等于 2：消极变量。

(2) 得分等于 3：中性变量。

(3) 得分大于等于 4：积极变量。

下面继续介绍探索性数据分析，代码及输出结果如下：

```
# Printing count by 'Score' to check dataset is now balanced
print(reviews_sample.groupby('Score').count().Id)
# Output
Score
1          29743
2          29743
3          29743
4          29743
5          29743
# Let's build a word cloud looking at the 'Summary' text
from wordcloud import WordCloud
from wordcloud import STOPWORDS
# Wordcloud function's input needs to be a single string of text
# Here I'm concatenating all Summaries into a single string
# Similarly you can build for Text column
reviews_str = reviews_sample.Summary.str.cat()
wordcloud = WordCloud(background_color='white').generate(reviews_str)
plt.figure(figsize=(10,10))
plt.imshow(wordcloud,interpolation='bilinear')
plt.axis("off")
plt.show()
```

运行代码后得到的词云结果如图 5-3 所示。

图 5-3　词云结果图

```
# Now let's split the data into Negative (Score is 1 or 2) and Positive (4 or #5) Reviews
negative_reviews = reviews_sample[reviews_sample['Score'].isin([1,2]) ]
positive_reviews = reviews_sample[reviews_sample['Score'].isin([4,5]) ]
# Transform to single string
negative_reviews_str = negative_reviews.Summary.str.cat()
positive_reviews_str = positive_reviews.Summary.str.cat()
# Create wordclouds
wordcloud_negative = WordCloud(background_color='white'). generate(negative_
                        eviews_str)
wordcloud_positive = WordCloud(background_color='white'). generate(positive _
                        reviews_str)
# Plot
fig = plt.figure(figsize=(10,10))
ax1 = fig.add_subplot(211)
ax1.imshow(wordcloud_negative,interpolation='bilinear')
ax1.axis("off")
ax1.set_title('Reviews with Negative Scores',fontsize=20)
```

消极得分词云结果图如图 5-4 所示。

图 5-4　消极得分词云结果图

```
ax2 = fig.add_subplot(212)
ax2.imshow(wordcloud_positive,interpolation='bilinear')
ax2.axis("off")
ax2.set_title('Reviews with Positive Scores',fontsize=20)
plt.show()
#output
```

积极得分词云结果图如图 5-5 所示。

图 5-5　积极得分词云结果图

步骤 2-5　特征提取。

这一步不是必需的，因为我们不是从头开始构建模型，而是使用来自 vaderSentiment 库的预训练模型。

如果想从头开始构建模型，则可以利用上面创建的积极类和消极类，并将它们作为目标变量进行研究，然后对模型进行训练。可以按照方法 5-1 中介绍的文本分类的步骤从头构建一个情感分类器。

步骤 2-6　情感得分。

预训练模型从文本描述中获取输入，并为每个句子输出范围为 -1 到 +1 的情感得分，实现代码如下：

```
#Importing required libraries
import pandas as pd
import numpy as np
import matplotlib.pyplot as plt
%matplotlib inline
import seaborn as sns
import re
import os
import sys
import ast
plt.style.use('fivethirtyeight')
# Function for getting the sentiment
cp = sns.color_palette()
from vaderSentiment.vaderSentiment import SentimentIntensityAnalyzer
```

```
analyzer = SentimentIntensityAnalyzer()
# Generating sentiment for all the sentence present in the dataset
emptyline=[]
for row in df['Text']:
    vs=analyzer.polarity_scores(row)
    emptyline.append(vs)
# Creating new dataframe with sentiments
df_sentiments=pd.DataFrame(emptyline)
df_sentiments.head(5)
```

输出结果如下：

```
        compound    neg      neu      pos
0        0.9413    0.000    0.503    0.497
1       -0.5719    0.258    0.644    0.099
2        0.8031    0.133    0.599    0.268
3        0.4404    0.000    0.854    0.146
4        0.9186    0.000    0.455    0.545
```

```
# Merging the sentiments back to reviews dataframe
df_c = pd.concat([df.reset_index(drop=True), d], axis=1)
df_c.head(3)
#output sample
```

食品评论数据情感得分如表 5-2 所示。

表 5-2　食品评论数据情感得分

	Profile Name	Helpfulness Numerator	Helpfulness Denominator	Score	Time	Summary	Text	compound	neg	neu	pos
JHU8GW	delmartian	1	1	5	1303862400	Good Quality Dog Food	bought several vitality canned dog food produc...	0.9413	0.000	0.0503	0.497
VE5NK	dll pa	0	0	1	1346976000	Not as Advertised	product arrived labelled lumbo halted peanutst...	-0.5719	0.258	0.644	0.099
XAIN	Natalia Corres "Natalia Corres"	1	1	4	1219017600	"Delight" says it all	connection around century light pillow city ge…	0.8031	0.133	0.599	0.268

```
# Convert scores into positive and negetive sentiments using some threshold
df_c['Sentiment'] = np.where(df_c['compound'] >= 0 , 'Positive', 'Negative')
```

```
df_c.head(5)
#output sample
```

食品评论数据情感倾向判定结果如表 5-3 所示。

表 5-3　食品评论数据情感倾向判定结果

Profile Name	Helpfulness Numerator	Helpfulness Denominator	Score	Time	Summary	Text	compound	neg	neu	pos	Sentiment
delmartian	1	1	5	1303862400	Good Quality Dog Food	bought several vitality canned dog food produc...	0.9413	0.000	0.503	0.497	Positive
dll pa	0	0	1	1346976000	Not as Advertised	product arrived labelled lumbo halted peanutst...	-0.5719	0.258	0.644	0.099	Negative
Natalia Corres *Natalia Corres*	1	1	4	1219017600	"Delight" says it all	connection around century light pillow city ge…	0.8031	0.133	0.599	0.268	Positive

步骤 2-7　业务洞察。

下面介绍如何利用生成的情感得分来得到总体情感，代码如下：

```
result=df_c['Sentiment'].value_counts()
result.plot(kind='bar', rot=0,color='br');
```

输出结果如图 5-6 所示。

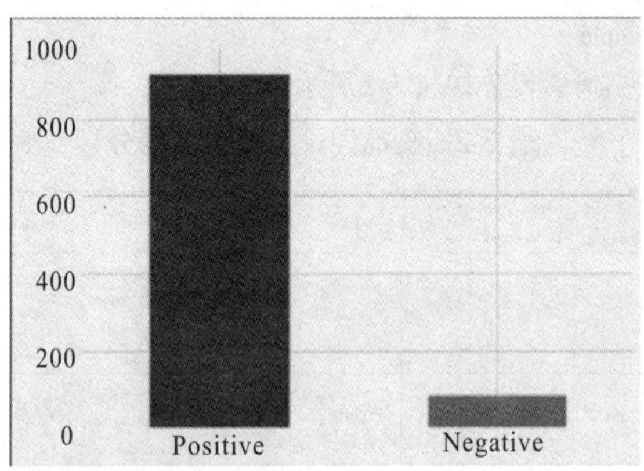

图 5-6　食品评论数据集总体情感统计

该步骤中只是选取了 1000 条评论作为样本，并完成了情感分析。仔细观察会发现超过 900 条(>90%)的评论是正面的，这对于任何生意来说都是件好事。

还可以对副产品进行分组，即情感副产品，以了解高级客户对产品的反馈，代码如下：

```
#Sample code snippet
result=df_c.groupby('ProductId')['Sentiment'].value_counts().
unstack()
result[['Negative','Positive']].plot(kind='bar', rot=0,color='rb')
```

类似地，可以使用时间列和许多其他类似属性按月分析情感。

方法 5-3　应用文本相似度函数

本节介绍使用文本相似度函数进行数据拼接的方法。

➢ 问题

在数据库中有多个表格，有时没有一个统一的“ID”或“KEY”来连接它们，比如：

(1) 客户信息分散在多个表格和系统中。

(2) 没有全局键将它们联系在一起。

(3) 有很多不同的名字和地址。

➢ 解决方案

可以通过在人口统计的列(如名、姓、地址等)上应用文本相似度函数来解决该问题。根据几个常用列上的相似度评分，可以确定记录对是否匹配。

➢ 实现步骤

按照本节中的步骤来链接这些记录。

技术挑战：

(1) 大量记录需要链接/缝合/删除。

(2) 来自不同系统的记录具有不同的模式。

没有全局键或用户 ID 能够用于合并。数据拼接或连接记录有两种可能的情况：

(1) 同一客户在同一表格中有多个记录，想删除多余的记录，这种情况称为情况 A。

(2) 同一客户在多个表格中的记录需要合并，这种情况称为情况 B。

通过重复数据删除解决情况 A；将多个表格记录进行链接来解决情况 B。

方法 5-3A　删除同一个表中的重复数据。

步骤 3A-1　读取和理解数据，代码如下：

```
# Import package
!pip install recordlinkage
import recordlinkage
#For this demo let us use the inbuilt dataset from recordlinkage library
#import data set
from recordlinkage.datasets import load_febrl1
#create a dataframe - dfa
dfA = load_febrl1()
dfA.head()
#output
```

将数据导入数据框架的结果如表 5-4 所示。

表 5-4　将数据导入数据框架的结果 1

rec_id	given_name	surname	street_number	address_1	address_2	suburb	postcode	state	date_of_birth	soc_sec_id
rec-223-org	NaN	waller	6	tullaroop street	willaroo	st james	4011	wa	19081209	6988048
rec-122-org	lachlan	berry	69	giblin street	killarney	bittern	4814	qld	19990219	7364009
rec-373-org	deakin	sondergeld	48	goldfinch circuit	kooltuo	canterbury	2776	vic	19600210	2635962
rec-10-dup-0	kayla	harrington	NaN	maltby circuit	coaling	coolaroo	3465	nsw	19150612	9004242
rec-227-org	luke	purdon	23	ramsay place	mirani	garbutt	2260	vic	19831024	8099933

步骤 3A-2　模块化。

减少比较窗口并创建记录对。这样做的原因是：

(1) 假设有大量记录，比如 100 M 记录意味着约有 10^{16} 个可能的记录对。

(2) 需要使用启发式算法快速削减 10^{16} 个可能的记录对，同时不会丢失很多匹配的记录对。

可以通过提取一个“模块化键”来实现。例如：

(1) 记录：名为 John，姓为 Roberts，地址为 Main St Plainville MA 01111。

(2) 模块化键：名-John。

(3) 将配对：John Ray…011。

(4) 不会配对：Frank Sinatra……07030。

(5) 仅为同一块中的记录生成对。

图 5-7 是一个模块化示例：这里模块化是在“Sndx-SN”列上完成的，Sndx-SN 表示 Surname 列的 Soundex 值。

Database A – Blocking information

RecID	Surname	Sndx-SN	Postcode	F3D-PC
a1	smith	s530	2602	260
a2	neighan	n250	2604	260
a3	meier	m600	2050	205
a4	smithers	s536	2012	201
a5	nguyen	n250	2022	202
a6	faulkner	f425	2037	203
a7	sandy	s530	2713	271

Database B – Blocking information

RecID	Surname	Sndx-SN	Postcode	F3D-PC
b1	meier	m600	2000	200
b2	meier	m600	2604	260
b3	smith	s530	2619	261
b4	nguyen	n250	2002	200
b5	fawkner	f256	2037	203
b6	santi	s530	2113	211
b7	cain	c500	2020	202

Candidate record pairs generated from Surname blocking

BKVs	Candidate record pairs
m600	(a3, b1), (a3, b2)
n250	(a2, b4), (a5, b4)
s530	(a1, b3), (a1, b6), (a7, b3), (a7, b6)

Candidate record pairs generated from Postcode blocking

BKVs	Candidate record pairs
202	(a5, b7)
203	(a6, b5)
260	(a1, b2), (a2, b2)

(a1, b2)
(a1, b3)
(a1, b6)
(a2, b2)
(a2, b4)
(a3, b1)
(a3, b2)
(a5, b4)
(a5, b7)
(a6, b5)
(a7, b3)
(a7, b6)

图 5-7　模块化示例

有许多先进的模块化技术，比如标准模块化(包括单列和多列两个子类)、邻近排序、模糊模块化(Q-gram)、LSH、树冠集群等。

下面的代码使用名作为模块化索引来构建记录对。

```
indexer = recordlinkage.BlockIndex(on='given_name')
pairs = indexer.index(dfA)
print (len(pairs))
```

输出结果如下：

```
2082
```

步骤 3A-3　相似度匹配和评分。

计算前面步骤中生成的记录对各列(如名、姓和地址)的相似度得分。对于出生日期、郊区和州这样的列，使用精确匹配，因为对于这些列来说，拥有准确的记录非常重要。

下面的代码将使用 jarowinkler，也可以使用第 4 章中讨论的其他相似度度量方法。

```
# This cell can take some time to compute
compare_cl = recordlinkage.Compare()
compare_cl.string('given_name', 'given_name',method='jarowinkler', label='given_name')
compare_cl.string('surname', 'surname', method='jarowinkler', label='surname')
```

```
compare_cl.exact('date_of_birth', 'date_of_birth', label='date_of_birth')
compare_cl.exact('suburb', 'suburb', label='suburb')
compare_cl.exact('state', 'state', label='state')
compare_cl.string('address_1', 'address_1',method='jarowinkler', label='address_1')
features = compare_cl.compute(pairs, dfA)
features.sample(5)
```

相似度得分如表 5-5 所示。

表 5-5　相似度得分 1

rec_id		given_name	surname	date_of_birth	suburb	state	address_1
rec-115-dup-0	rec-120-dup-0	1.0	0.458 333	0	0	0	0.548 693
rec-245-dup-0	rec-331-org	1.0	0.000 000	0	0	0	0.567 617
rec-455-dup-0	rec-95-dup-0	1.0	0.561 905	0	0	0	0.438 095
rec-462-dup-0	rec-462-org	1.0	0.961 905	1	0	1	1.000 000
rec-132-org	rec-30-dup-0	1.0	0.455 556	0	0	0	0.571 429

将记录“rec-115-dup-0”与“rec-120-dup-0”进行比较。因为它们的名(模块化列)是匹配的，所以在这些对的公共列上计算其相似度得分。

步骤 3A-4　使用 ECM 分类器预测记录是否匹配。

这是一个无监督学习方法，用来计算记录匹配的概率，代码如下：

```
# select all the features except for given_name since its our blocking key
features1 = features[['suburb','state','surname','date_of_birth','address_1']]
# Unsupervised learning – probabilistic
ecm = recordlinkage.ECMClassifier()
result_ecm = ecm.learn((features1).astype(int),return_type = 'series')
result_ecm
```

输出结果如下：

```
rec_id rec_id
rec-122-org rec-183-dup-0 0
   rec-248-org 0
   rec-469-org 0
   rec-74-org 0
   rec-183-org 0
   rec-360-dup-0 0
```

```
    rec-248-dup-0 0
    rec-469-dup-0 0
rec-183-dup-0 rec-248-org 0
    rec-469-org 0
    rec-74-org 0
    rec-183-org 1
    rec-360-dup-0 0
    rec-248-dup-0 0
    rec-469-dup-0 0
rec-248-org rec-469-org 0
    rec-74-org 0
    rec-360-dup-0 0
    rec-469-dup-0 0
rec-122-dup-0 rec-122-org 1
    rec-183-dup-0 0
    rec-248-org 0
    rec-469-org 0
    rec-74-org 0
    rec-183-org 0
    rec-360-dup-0 0
    rec-248-dup-0 0
    rec-469-dup-0 0
rec-469-org rec-74-org 0
rec-183-org rec-248-org 0
…
rec-208-dup-0 rec-208-org 1
rec-363-dup-0 rec-363-org 1
rec-265-dup-0 rec-265-org 1
rec-315-dup-0 rec-315-org 1
rec-410-dup-0 rec-410-org 1
rec-290-org rec-93-org 0
rec-460-dup-0 rec-460-org 1
rec-499-dup-0 rec-499-org 1
```

```
rec-11-dup-0 rec-11-org 1
rec-97-dup-0 rec-97-org 1
rec-213-dup-0 rec-421-dup-0 0
rec-349-dup-0 rec-376-dup-0 0
rec-371-dup-0 rec-371-org 1
rec-129-dup-0 rec-129-org 1
rec-462-dup-0 rec-462-org 1
rec-328-dup-0 rec-328-org 1
rec-308-dup-0 rec-308-org 1
rec-272-org rec-308-dup-0 0
  rec-308-org 0
rec-5-dup-0 rec-5-org 1
rec-407-dup-0 rec-407-org 1
rec-367-dup-0 rec-367-org 1
rec-103-dup-0 rec-103-org 1
rec-195-dup-0 rec-195-org 1
rec-184-dup-0 rec-184-org 1
rec-252-dup-0 rec-252-org 1
rec-48-dup-0 rec-48-org 1
rec-298-dup-0 rec-298-org 1
rec-282-dup-0 rec-282-org 1
rec-327-org rec-411-org 0
```

输出结果清楚地显示“rec-183-dup-0”与“rec-183-org”匹配，并且可以链接到同一个 global_id。以上工作都是用于解决情况 A 重复数据删除：从单个表中识别同一用户的多条记录。

接下来介绍如何解决情况 B：如果记录存在于多个表中，且没有唯一的 id 可以合并。

方法 5-3B　将多个表格记录进行链接。

步骤 3B-1　读取和理解数据。

使用来自 recordlinkage 库的内置数据集，将数据导入数据框架的结果分别如表 5-6 和表 5-7 所示。

```
from recordlinkage.datasets import load_febrl4
dfA, dfB = load_febrl4()
```

```
dfA.head()
#output
```

表 5-6　将数据导入数据框架的结果 2

rec_id	given_name	surname	street_number	address_1	address_2	suburb	postcode	state	date_of_birth	soc_sec_id
rec-1070-org	michaela	neumann	8	stanley street	miami	winston hills	4223	nsw	19151111	5304218
rec-1016-org	courtney	painter	12	pinkerton circuit	bega flats	richlands	4560	vic	19161214	4066625
rec-4405-org	charles	green	38	salkauskas crescent	kela	dapto	4566	nsw	19480930	4365168
rec-1288-org	vanessa	parr	905	macquoid place	Broadbridge manor	south grafton	2135	sa	19951119	9239102
rec-3585-org	mikayla	malloney	37	randwick road	avalind	hoppers crossing	4552	vic	19860208	7207688

```
dfB.head()
#output
```

表 5-7　将数据导入数据框架的结果 3

rec_id	given_name	surname	street_number	address_1	address_2	suburb	postcode	state	date_of_birth	soc_sec_id
rec-561-dup-0	elton	NaN	3	light street	pinehill	windermere	3212	vic	19651013	1551941
rec-2642-dup-0	mitchell	maxon	47	edkins street	lochaoair	north ryde	3355	nsw	19390212	8859999
rec-608-dup-0	NaN	white	72	lambrigg street	kelgoola	broadbeach waters	3159	vic	19620216	9731855
rec-3239-dup-0	elki	menzies	1	lyster place	NaN	northwood	2585	vic	19980624	4970481
rec-2886-dup-0	NaN	garanggar	NaN	may maxwell crescent	springettst arcade	forest hill	2342	vic	19921016	1366884

步骤 3B-2　模块化——减少比较窗口并创建记录对。

这和前面(步骤 3A-2 模块化)的用法一样，把名作为一个模块化索引：

```
indexer = recordlinkage.BlockIndex(on='given_name')
pairs = indexer.index(dfA, dfB)
```

步骤 3B-3　相似度匹配。

用法和前面(步骤 3A-3 相似度匹配和评分)一样，代码及输出结果如下：

```
compare_cl = recordlinkage.Compare()
compare_cl.string('given_name', 'given_name',method='jarowinkler', label='given_name')
compare_cl.string('surname', 'surname', method='jarowinkler', label='surname')
compare_cl.exact('date_of_birth', 'date_of_birth', label='date_of_birth')
compare_cl.exact('suburb', 'suburb', label='suburb')
```

```
compare_cl.exact('state', 'state', label='state')
compare_cl.string('address_1', 'address_1',method='jarowinkler', label='address_1')
features = compare_cl.compute(pairs, dfA, dfB)
features.head(10)
#output
```

相似度得分如表 5-8 所示。

表 5-8　相似度得分 2

rec_id		given_name	surname	date_of_birth	suburb	state	address_1
rec-1070-org	rec-3024-dup-0	1.0	0.436 508	0	0	1	0.000 000
	rec-2371-dup-0	1.0	0.490 079	0	0	0	0.715 873
	rec-4652-dup-0	1.0	0.490 079	0	0	0	0.645 604
	rec-4795-dup-0	1.0	0.000 000	0	0	1	0.552 381
	rec-1314-dup-0	1.0	0.000 000	0	0	1	0.618 254
rec-2371-org	rec-3024-dup-0	1.0	0.527 778	0	0	0	0.000 000
	rec-2371-dup-0	1.0	1.000 000	1	1	1	1.000 000
	rec-4652-dup-0	1.0	0.500 000	0	0	1	0.635 684
	rec-4795-dup-0	1.0	0.527 778	0	0	0	0.411 111
	rec-1314-dup-0	1.0	0.527 778	0	0	0	0.672 222

将记录“rec-1070-org”分别与“rec-3024-dup-0”“rec-2371-dup-0”“rec-4652-dup-0”“rec-4795-dup-0”和“rec-1314-dup-0”进行比较，因为它们的名(模块化列)是匹配的。然后计算这些记录对的共同列的相似度得分。

步骤 3B-4　使用 ECM 分类器预测记录是否匹配。

这里有一个无监督学习方法，用来计算记录匹配的概率，代码如下：

```
# select all the features except for given_name since its our blocking key
features1 = features[['suburb','state','surname','date_of_birth','address_1']]
# unsupervised learning - probablistic

ecm = recordlinkage.ECMClassifier()
result_ecm = ecm.learn((features1).astype(int),return_type = 'series')
result_ecm
```

输出结果如下：

rec_id	rec_id	
rec-1070-org	rec-3024-dup-0	0
	rec-2371-dup-0	0
	rec-4652-dup-0	0
	rec-4795-dup-0	0
	rec-1314-dup-0	0
rec-2371-org	rec-3024-dup-0	0
	rec-2371-dup-0	1
	rec-4652-dup-0	0
	rec-4795-dup-0	0
	rec-1314-dup-0	0
rec-3582-org	rec-3024-dup-0	0
	rec-2371-dup-0	0
	rec-4652-dup-0	0
	rec-4795-dup-0	0
	rec-1314-dup-0	0
rec-3024-org	rec-3024-dup-0	1
	rec-2371-dup-0	0
	rec-4652-dup-0	0
	rec-4795-dup-0	0
	rec-1314-dup-0	0
rec-4652-org	rec-3024-dup-0	0
	rec-2371-dup-0	0
	rec-4652-dup-0	1
	rec-4795-dup-0	0
	rec-1314-dup-0	0
rec-4795-org	rec-3024-dup-0	0
	rec-2371-dup-0	0
	rec-4652-dup-0	0
	rec-4795-dup-0	1
	rec-1314-dup-0	0
…		
rec-2820-org	rec-2820-dup-0	1

	rec-991-dup-0	0
rec-1984-org	rec-1984-dup-0	1
rec-1662-org	rec-1984-dup-0	0
rec-4415-org	rec-1984-dup-0	0
rec-1920-org	rec-1920-dup-0	1
rec-303-org	rec-303-dup-0	1
rec-1915-org	rec-1915-dup-0	1
rec-4739-org	rec-4739-dup-0	1
	rec-4865-dup-0	0
rec-681-org	rec-4276-dup-0	0
rec-4603-org	rec-4848-dup-0	0
	rec-4603-dup-0	1
rec-3122-org	rec-4848-dup-0	0
	rec-4603-dup-0	0
rec-3711-org	rec-3711-dup-0	1
rec-4912-org	rec-4912-dup-0	1
rec-664-org	rec-664-dup-0	1
	rec-1311-dup-0	0
rec-4031-org	rec-4031-dup-0	1
rec-1413-org	rec-1413-dup-0	1
rec-735-org	rec-735-dup-0	1
rec-1361-org	rec-1361-dup-0	1
rec-3090-org	rec-3090-dup-0	1
rec-2571-org	rec-2571-dup-0	1
rec-4528-org	rec-4528-dup-0	1
rec-4887-org	rec-4887-dup-0	1
rec-4350-org	rec-4350-dup-0	1
rec-4569-org	rec-4569-dup-0	1
rec-3125-org	rec-3125-dup-0	1

输出结果清楚地显示“rec-122-dup-0”与“rec-122-org”匹配，并且可以链接到同一个 global_id。

通过这种方式，可以创建一个数据池，其中包含唯一的全局 id 和跨表的一致数据，还可以执行任意类型的统计分析。

方法 5-4　文本数据总结

实际上有很多文章和书籍可用于文本数据总结。假设你想学习自然语言处理中的一个概念，如果用谷歌搜索，那么会找到一篇文章。你喜欢这篇文章的内容，但是再读一遍就太浪费时间了。这时你需要对文章进行总结，然后保存到某个地方，以便以后阅读。

对此，自然语言处理提供了一个解决方案，即文本数据总结(也称文本总结)。使用文本总结，不必每次都将整篇文章或整本书通读一遍。

➤ 问题

在 Python 中使用不同的算法对文章/文档进行文本总结。

➤ 解决方案

文本总结就是在不丢失上下文的情况下将大文档转换成小文档的过程。为了为读者节省时间，可以使用不同的技术，比如：

(1) TextRank：基于图的排名算法。

(2) 基于特征的文本总结。

(3) LexRank：词频-逆文档频率与基于图的算法。

(4) 基于主题。

(5) 使用句子嵌入。

(6) 编码器-解码器模型：深度学习技术。

➤ 实现步骤

下面将探索 TextRank 和基于特征的文本总结这两种方法，了解其工作原理。

方法 1　TextRank。

TextRank 是自然语言处理中一种基于图的排序算法。它受 PageRank 启发，并用于谷歌搜索引擎，但它是为文本特别设计的。它可以提取主题，从中创建节点，并通过捕获节点之间的关系来总结文本。

下面介绍如何使用 Python 的 Gensim 包来实现它。这里使用的函数是“Summarize”。

首先导入笔记。假设文章是关于自然语言处理的维基百科，实现代码和输出结果如下：

```
# Import BeautifulSoup and urllib libraries to fetch data from Wikipedia.
```

```
from bs4 import BeautifulSoup
from urllib.request import urlopen
# Function to get data from Wikipedia
def get_only_text(url):
    page = urlopen(url)
    soup = BeautifulSoup(page)
    text = ' '.join(map(lambda p: p.text, soup.find_all('p')))
    print (text)
    return soup.title.text, text
# Mention the Wikipedia url
url="https://en.wikipedia.org/wiki/Natural_language_processing"
# Call the function created above
text = get_only_text(url)
# Count the number of letters
len(''.join(text))
```

文章字数统计输出结果如下：

```
Out[74]: 8519
# Lets see first 1000 letters from the text
text[:1000]
```

文章前 1000 个单词输出结果如下：

Out[72]: '(\'Natural language processing - Wikipedia\',\'Natural language processing (NLP) is an area of computer science and artificial intelligence concerned with the interactions between computers and human (natural) languages, in particular how to program computers to process and analyze large amounts of natural language\\xa0data.\\n Challenges in natural language processing frequently involve speech recognition, natural language understanding, and natural language generation.\\n The history of natural language processing generally started in the 1950s, although work can be found from earlier periods.\\nIn 1950, Alan Turing published an article titled "Intelligence" which proposed what is now called the Turing test as a criterion of intelligence.\\n The Georgetown experiment in 1954 involved fully automatic translation of more than sixty Russian sentences into English. The authors claimed that within three or five years, machine translation would be a solved problem.[2] However, real progress was '

```
# Import summarize from gensim
from gensim.summarization.summarizer import summarize
from gensim.summarization import keywords
# Convert text to string format
text = str(text)
#Summarize the text with ratio 0.1 (10% of the total words.)
summarize(text, ratio=0.1)
```

以总词数的 10%进行文本总结，输出结果如下：

```
Out[77]: 'However, part-of-speech tagging introduced the use of hidden Markov models to natural language processing, and increasingly, research has focused on statistical models, which make soft, probabilistic decisions based on attaching real-valued weights to the features making up the input data. \nSuch models are generally more robust when given unfamiliar input, especially input that contains errors (as is very common for real-world data), and produce more reliable results when integrated into a larger system comprising multiple subtasks.\\n Many of the notable early successes occurred in the field of machine translation, due especially to work at IBM Research, where successively more complicated statistical models were developed.'
```

输出结果显示生成的总结很简单。如果读了这篇总结和整篇文章，则会发现它们很相似。但这仍有很大的改进空间。以 0.1 的比率提取文本的关键词，代码如下：

```
#keywords
print(keywords(text, ratio=0.1))
```

结果如下：

```
learning
learn
languages
process
systems
worlds
world
real
natural language processing
```

research
researched
results
result
data
statistical
hand
generation
generally
generic
general
generated
tasks
task
large
human
intelligence
input
called
calling
calls
produced
produce
produces
producing
possibly
possible
corpora
base
based

方法 2　基于特征的文本总结。

基于特征的文本总结方法将从句子中提取一个特征，根据其重要性进行排序。位置、长度、术语频率、命名实体以及许多其他特征都会被用于计算得分。

Luhn 的算法是基于特征的算法之一，下面的代码是使用 sumy 库实现基本特征的文本总结。

```
# Install sumy
!pip install sumy
# Import the packages
from sumy.parsers.html import HtmlParser
from sumy.parsers.plaintext import PlaintextParser
from sumy.nlp.tokenizers import Tokenizer
from sumy.summarizers.lsa import LsaSummarizer
from sumy.nlp.stemmers import Stemmer
from sumy.utils import get_stop_words
from sumy.summarizers.luhn import LuhnSummarizer
# Extracting and summarizing
LANGUAGE = "english"
SENTENCES_COUNT = 10
url="https://en.wikipedia.org/wiki/Natural_language_processing"
parser = HtmlParser.from_url(url, Tokenizer(LANGUAGE))
summarizer = LsaSummarizer()
summarizer = LsaSummarizer(Stemmer(LANGUAGE))
summarizer.stop_words = get_stop_words(LANGUAGE)
for sentence in summarizer(parser.document, SENTENCES_COUNT):
    print(sentence)
```

输出结果如下：

[2] However, real progress was much slower, and after the ALPAC report in 1966, which found that ten-year-long research had failed to fulfill the expectations, funding for machine translation was dramatically reduced.

However, there is an enormous amount of non-annotated data available (including, among other things, the entire content of the World Wide Web), which can often make up for the inferior results if the algorithm used has a low enough time complexity to be practical, which some such as Chinese Whispers do.

Since the so-called "statistical revolution" in the late 1980s and mid 1990s, much natural language processing research has relied heavily on machine learning. Increasingly, however, research has focused on statistical models, which make soft, probabilistic decisions based on attaching real-valued weights to each input feature. Natural language understanding Convert chunks of text into more formal representations such as first-order logic structures that are easier for computer programs to manipulate.

[18] ^ Implementing an online help desk system based on conversational agent Authors: Alisa Kongthon, Chatchawal Sangkeettrakarn, Sarawoot Kongyoung and Choochart Haruechaiyasak.

[self-published source] ^ Chomskyan linguistics encourages the investigation of "corner cases " that stress the limits of its theoretical models (comparable to pathological phenomena in mathematics), typically created using thought experiments , rather than the systematic investigation of typical phenomena that occur in real-world data, as is the case in corpus linguistics .

^ Antonio Di Marco - Roberto Navigili, "Clustering and Diversifying Web Search Results with Graph Based Word Sense Induction" , 2013 Goldberg, Yoav (2016).

Scripts, plans, goals, and understanding: An inquiry into human knowledge structures ^ Kishorjit, N., Vidya Raj RK., Nirmal Y., and Sivaji B.

^ PASCAL Recognizing Textual Entailment Challenge (RTE-7)https://tac.nist.gov// 2011/RTE/ ^ Yi, Chucai; Tian, Yingli (2012), "Assistive Text Reading from Complex Background for Blind Persons" , Camera-Based Document Analysis and Recognition , Springer Berlin Heidelberg, pp.

问题解决了。现在你不需要阅读整个笔记，只需要在时间快不够的时候读一下总结就可以了。

可以使用编码器-解码器模型等深度学习技术来获得更好的精度和更好的结果。第 6 章将介绍如何做到这一点。

方法 5-5 文 档 聚 类

文档聚类也称为文本聚类，它是对文本文档的聚类分析。文档聚类典型的应用之一就是文档管理。

➤ 问题

根据模式和相似度对文档进行聚类或分组。

➤ 解决方案

文档聚类的步骤如下：

(1) 词语切分。

(2) 词干提取和词形还原。

(3) 删除停止词和标点符号。

(4) 计算术语频率或词频-逆文档频率。

(5) 聚类：K-means/层次算法根据生成的特征使用任何一种聚类算法对不同的文档进行聚类。

(6) 评价与可视化：将聚类结果绘制到二维空间中进行可视化展示。

➤ 实现步骤

步骤 5-1　导入数据和库。

先导入库，然后导入数据：

```
!pip install mpld3
import numpy as np
import pandas as pd
import nltk
from nltk.stem.snowball import SnowballStemmer
from bs4 import BeautifulSoup
import re
import os
import codecs
from sklearn import feature_extraction
import mpld3
from sklearn.metrics.pairwise import cosine_similarity
import os
import matplotlib.pyplot as plt
import matplotlib as mpl
from sklearn.manifold import MDS
#Lets use the same complaint dataset we use for classification
Data = pd.read_csv("/Consumer_Complaints.csv",encoding='latin-1')
```

```
#selecting required columns and rows
Data = Data[['consumer_complaint_narrative']]
Data = Data[pd.notnull(Data['consumer_complaint_narrative'])]
# lets do the clustering for just 200 documents. Its easier to interpret.
Data_sample=Data.sample(200)
```

步骤 5-2 文本预处理和基于词频-逆文档频率的文本特征工程。

通过下面的代码进行预处理：

```
# Remove unwanted symbol
Data_sample['consumer_complaint_narrative'] = Data_sample['consumer_complaint_
                                              na rrative'].str.replace ('X XXX','')
# Convert dataframe to list
complaints = Data_sample['consumer_complaint_narrative'].tolist()
# create the rank of documents – we will use it later
ranks = []
for i in range(1, len(complaints)+1):
    ranks.append(i)
# Stop Words
stopwords = nltk.corpus.stopwords.words('english')
# Load 'stemmer'
stemmer = SnowballStemmer("english")
# Functions for sentence tokenizer, to remove numeric tokens and raw #punctuation
def tokenize_and_stem(text):
    tokens = [word for sent in nltk.sent_tokenize(text) for word in nltk.word_tokenize
            (sent)]
    filtered_tokens = []
    for token in tokens:
        if re.search('[a-zA-Z]', token):
            filtered_tokens.append(token)
    stems = [stemmer.stem(t) for t in filtered_tokens]
    return stems
def tokenize_only(text):
    tokens = [word.lower() for sent in nltk.sent_tokenize(text) for word in nltk.word_
            tokenize(sent)]
```

```
    filtered_tokens = []
    for token in tokens:
        if re.search('[a-zA-Z]', token):
            filtered_tokens.append(token)
    return filtered_tokens
from sklearn.feature_extraction.text import TfidfVectorizer
# tfidf vectorizer
tfidf_vectorizer = TfidfVectorizer(max_df=0.8, max_features=200000, min_df=0.2,
                    stop_words='english',
use_idf=True, tokenizer=tokenize_and_stem, ngram_range=(1,3))
#fit the vectorizer to data
tfidf_matrix = tfidf_vectorizer.fit_transform(complaints)
terms = tfidf_vectorizer.get_feature_names()
print(tfidf_matrix.shape)
(200, 30)
```

步骤 5-3　使用 K-means 聚类算法，代码如下：

```
#Import Kmeans
from sklearn.cluster import KMeans
# Define number of clusters
num_clusters = 6
#Running clustering algorithm
km = KMeans(n_clusters=num_clusters)
km.fit(tfidf_matrix)
#final clusters
clusters = km.labels_.tolist()
complaints_data = { 'rank': ranks, 'complaints': complaints, 'cluster': clusters }
frame = pd.DataFrame(complaints_data, index = [clusters] , columns = ['rank', 'cluster'])
#number of docs per cluster
frame['cluster'].value_counts()
```

输出结果如下：

```
0 42
1 37
5 36
```

```
3 36
2 27
4 22
```

步骤 5-4　确定聚类行为，找出距离聚类中心最近的 5 个单词，代码及输出结果如下：

```
totalvocab_stemmed = []
totalvocab_tokenized = []
for i in complaints:
    allwords_stemmed = tokenize_and_stem(i)
    totalvocab_stemmed.extend(allwords_stemmed)
    allwords_tokenized = tokenize_only(i)
    totalvocab_tokenized.extend(allwords_tokenized)
vocab_frame = pd.DataFrame({'words': totalvocab_tokenized}, index = totalvocab_
            stemmed)
#sort cluster centers by proximity to centroid
order_centroids = km.cluster_centers_.argsort()[:, ::-1]
for i in range(num_clusters):
    print("Cluster %d words:" % i, end='')
    for ind in order_centroids[i, :6]:
        print(' %s' % vocab_frame.ix[terms[ind].split(' ')].values.tolist()[0][0].encode
        ('utf-8', 'ignore'), end=',')
    print()
Cluster 0 words: b'needs', b'time', b'bank', b'information', b'told'
Cluster 1 words: b'account', b'bank', b'credit', b'time', b'months'
Cluster 2 words: b'debt', b'collection', b'number', b'credit', b"n't"
Cluster 3 words:   b'report', b'credit', b'credit', b'account', b'information'
Cluster 4 words: b'loan', b'payments', b'pay', b'months', b'state'
Cluster 5 words: b'payments', b'pay', b'told', b'did', b'credit'
```

步骤 5-5　在 2D 图上绘制聚类统计结果，代码如下：

```
#Similarity
similarity_distance = 1 - cosine_similarity(tfidf_matrix)
# Convert two components as we're plotting points in a two-dimensional plane
mds = MDS(n_components=2, dissimilarity="precomputed", random_state=1)
```

```
pos = mds.fit_transform(similarity_distance)    # shape (n_components, n_samples)
xs, ys = pos[:, 0], pos[:, 1]
#Set up colors per clusters using a dict
cluster_colors = {0: '#1b9e77', 1: '#d95f02', 2: '#7570b3', 3: '#e7298a', 4: '#66a61e',5:
                  '#D2691E'}
#set up cluster names using a dict
cluster_names = {0: 'property, based, assist',
                   1: 'business, card',
                   2: 'authorized, approved, believe',
                   3: 'agreement, application,business',
                   4: 'closed, applied, additional',
                   5: 'applied, card'}
# Finally plot it
%matplotlib inline
#Create data frame that has the result of the MDS and the cluster
df = pd.DataFrame(dict(x=xs, y=ys, label=clusters))
groups = df.groupby('label')
# Set up plot
fig, ax = plt.subplots(figsize=(17, 9)) # set size
for name, group in groups:
    ax.plot(group.x, group.y, marker='o', linestyle='', ms=20, label=cluster_names[name],
            color=cluster_colors[name], mec='none')
    ax.set_aspect('auto')
    ax.tick_params(\
        axis= 'x',
        which='both',
        bottom='off',
        top='off',
        labelbottom='off')
    ax.tick_params(\
        axis= 'y',
        which='both',
        left='off',
```

```
            top='off',
            labelleft='off')
    ax.legend(numpoints=1)
    plt.show()
```

输出结果如图 5-8 所示。

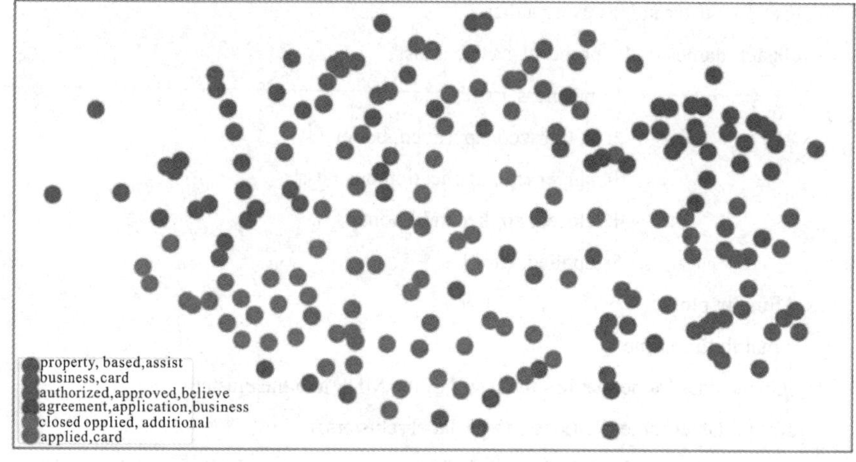

图 5-8 聚类统计结果

输出结果显示使用 K-means 聚类方法将 200 个投诉分成了 6 组。它使用词频-逆文档频率将类似的投诉集中到 6 个类别中。还可以使用词嵌入来解决这个问题，从而实现更好的聚类。2D 图形对聚类行为进行了很好的展示，仔细观察会发现相同的颜色点(文档)彼此之间距离更近。

方法 5-6 搜索引擎中的自然语言处理

本节将讨论从自然语言处理的角度如何构建一个搜索引擎。这个方法的实现已经超出了本书的范围。

➤ 问题

希望了解构建搜索引擎的架构和自然语言处理流水线。

➤ 解决方案

图 5-9 显示了搜索引擎中的自然语言处理的整个过程。图中的每一步都在“实现步骤”中进行了解释。

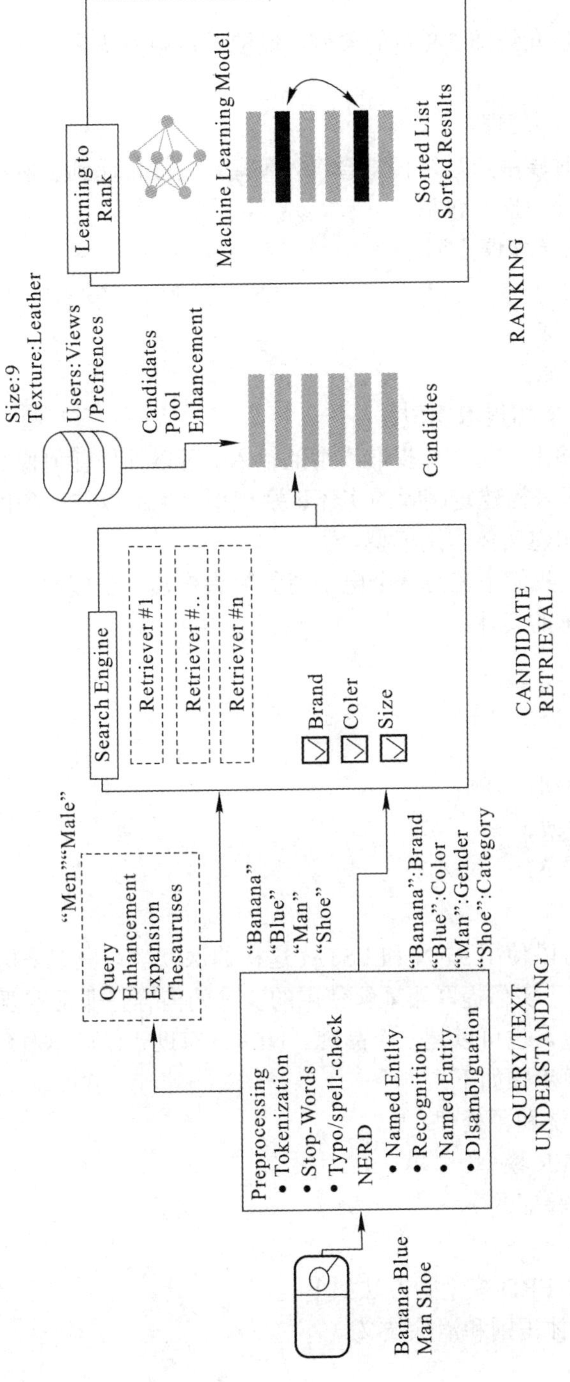

图 5-9　搜索引擎中的自然语言处理流程

➤ **实现步骤**

本部分逐步介绍图 5-9 中的架构，以便于从自然语言处理的角度构建搜索引擎。

步骤 6-1　预处理。

无论什么时候用户进行搜索查询，都将首先被传递到自然语言处理的预处理流水线，预处理操作包括：

(1) 去除噪声和停止词。

(2) 词语切分。

(3) 词干提取。

(4) 词形还原。

步骤 6-2　实体提取模型。

预处理的输出作为实体提取模型的输入。可以使用任何像 StanfordNER 或 NLTK 这样的库来构建定制版的实体识别模型。也可以使用条件随机域或马尔可夫模型从头构建实体识别模型。

例如，假设我们正在为一个电子商务巨头构建一个搜索引擎。下面是可以对模型进行训练的实体：

(1) 性别。

(2) 颜色。

(3) 品牌。

(4) 产品类别。

(5) 产品类型。

(6) 价格。

(7) 尺寸。

此外，还可以使用 RNN 和 LSTM 这样的深度学习框架来构建命名实体以消除歧义。这对于实体提取器理解使用的实体的内容是非常重要的。例如，pink 可以是一种颜色，也可以是一个品牌。NERD 有助于消除这种歧义。

NERD 建模步骤如下：

(1) 数据清洗和预处理。

(2) 训练 NER 模型。

(3) 测试和验证。

(4) 部署。

训练/建立 NERD 模型的方法如下：

(1) 命名实体识别和消除歧义。

(2) Stanford NER 定制。

(3) 递归神经网络-长短时记忆使用上下文消除歧义。

(4) 联合命名实体识别和消除歧义。

步骤 6-3　查询增强/扩展。

理解实体的可能同义词是非常重要的，这有助于确保搜索结果不会错过潜在的相关内容。比如，men’s shoes 也可以叫作 male shoes、men’s sports shoes、men’s formal shoes、men’s loafers 或 men’s sneakers。

使用训练好的词嵌入模型(如 Word2Vec/GloVe 模型)来实现这一点。

步骤 6-4　使用搜索平台。

Solr 或 Elastic Search 等搜索平台具有全文搜索突出显示、分面搜索、实时索引、动态聚类和数据库集成等特征，这些都与自然语言处理无关。作为一个端到端的应用程序视点，我们只介绍 Solr 或 Elastic Search 是什么。

步骤 6-5　学习排名。

一旦从 Solr 或 Elastic 搜索中获得搜索结果，就应该基于用户偏好和过去的使用行为对其进行排序。

第 6 章　基于深度学习的自然语言处理

本章将实现基于深度学习的自然语言处理。

方法 1：利用深度学习进行信息检索。

方法 2：使用深度学习中的卷积神经网络(CNN)、递归神经网络(RNN)、长短时记忆(LSTM)进行文本分类。

方法 3：对邮件使用长短时记忆预测下一个单词/序列。

1. 深度学习简介

深度学习是机器学习的一个分支，它是受大脑功能的启发发展而来的。神经网络系统的构成类似于大脑中的神经元之间的相互连接，每个神经元接收输入，在神经元内进行某种操作，并产生更接近预期输出的输出(在标记数据的情况下)。

我们感兴趣的是神经元内部发生的事情：如何得到最准确的结果。简单地说，给每个输入赋予权重，并生成一个函数来积累所有这些权重，将其传递到下一层，这一层最终可以成为输出层。

神经网络有三个组成部分：输入层、隐含层和输出层。

神经网络拓扑结构如图 6-1 所示。

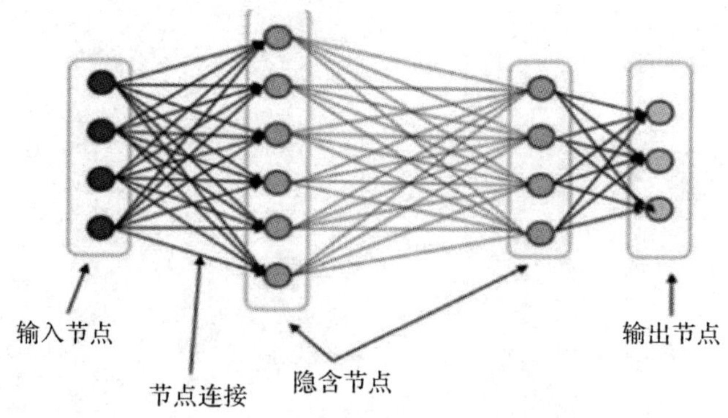

图 6-1　神经网络拓扑结构图

根据不同的问题或数据，函数可以是不同类型的，其也被称为激活函数。

激活函数有以下一些类型。

(1) 线性激活函数：线性神经元对加权输入进行线性组合；输出可以取负无穷到正无穷之间的任意值。

(2) 非线性激活函数：以下是最常用的四种，它们使输出限制在某个范围内。

① Sigmoid 或 Logit 激活函数：基本上，它通过应用一个对数函数，将输出限定在 0 和 1 之间，这样使得分类问题更加容易。

② Softmax 函数：和 Sigmoid 函数相似，但它计算 n 个不同类上事件的概率，这将有助于在多类分类问题中确定目标。

③ Tanh 函数：Tanh 函数的取值范围为(−1, 1)，其他的和 Sigmoid 函数相同。

④ 线性整流激活函数：ReLU(Rectified Linear Unit)将任何小于零的值转换为零。所以值域范围变成了 0 到正无穷。

下面以卷积神经网络为例来讨论如何在神经网络中进行训练。

2. 卷积神经网络

卷积神经网络(Convolutional Neural Networks，CNN)类似于普通的神经网络，但它有多个隐含层和一个称为卷积层的过滤器。卷积神经网络被成功应用于识别人脸、目标和交通标志，也被用于自动驾驶汽车。卷积神经网络拓扑结构图如图 6-2 所示。

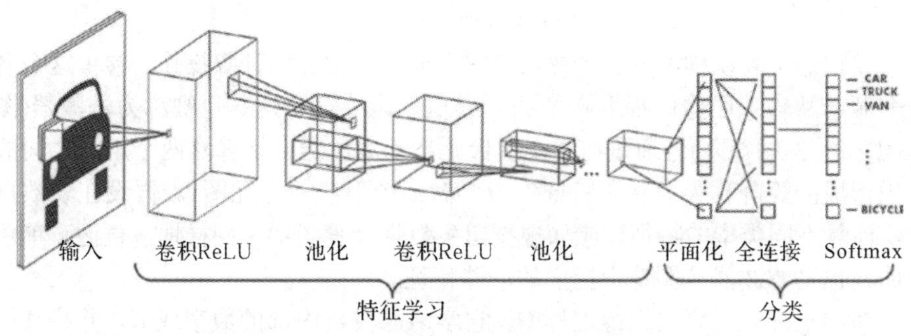

图 6-2　卷积神经网络拓扑结构图

1) 数据

算法基本上都是在数值数据上工作。图像和文本数据是前面讨论过的非结构化数据，在用于任何工作之前都需要将它们转换为数值。

(1) 图像：计算机将图像作为像素值的数组。根据图像的分辨率和大小，将图像看成一个 X×Y×Z 的数字数组。例如，有一个彩色图像，它的大小是 480×480 像素。其数组的表示形式是 480×480×3，其中 3 是颜色的 RGB 值。

这些数字的变化范围是 0 到 255，那么它描述了那一个点的像素强度/密度。如果给定计算机和这个数字数组，那么它将在一个分类问题中输出图像是某个类别的概率。

(2) 文本：我们已经在书中讨论了如何从文本中创建特征。可以使用这些技术中的任何一种来将文本转换为特征。递归神经网络和长短时记忆更适合于文本的相关解决方案。

2) 体系结构

卷积神经网络是一个具有单输入层、单输出层和多个隐含层的神经网络特例。隐含层有四个不同的步骤来构建网络。每一步都有详细的解释。

3) 卷积

卷积计算示例如图 6-3 所示。

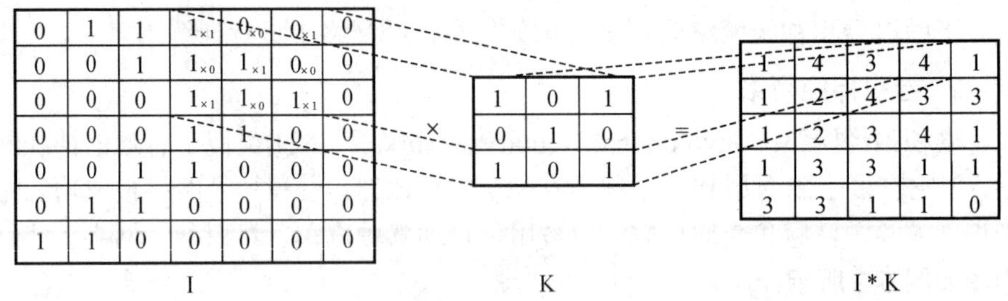

图 6-3　卷积计算示例

卷积层是卷积神经网络的核心，它完成了大部分的计算操作。卷积这个名字来源于从输入图像中提取特征的“卷积”运算符。这些也被称为滤波器(图 6-3 中 3×3 的矩阵)。通过在整个图像上滑动滤波器并计算这两个矩阵之间的点积形成的矩阵称为“卷积特征”或“激活图”或“特征图”。假设在表数据中，计算不同类型的特征，比如根据出生日期计算年龄。同样地，直边、单色和曲线也是滤波器从图像中提取的一些特征。

在卷积神经网络的训练过程中，它学习滤波器内部的数字或值，并将其用于测试数据。特征数量越大，提取的图像特征越多，对不可见图像中所有模式的识别能力越强。

4) 非线性 ReLU

ReLU 是卷积神经网络架构中卷积层之后使用的非线性函数。如图 6-4 所示，ReLU 将矩阵中所有的负值都替换为零。ReLU 的目的是在卷积神经网络中引入非线性，使其表现得更好。

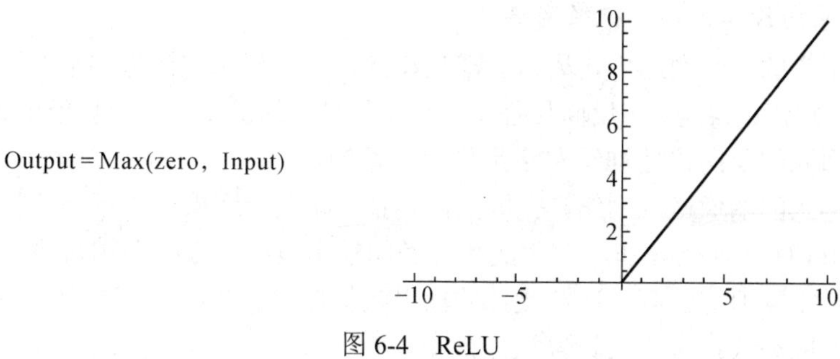

图 6-4 ReLU

5) 池化层(Pooling)

使用池化或子样本来降低特征的维数而不丢失重要信息。这样做是为了减少全连接层的大量输入和处理模型所需的大量计算。它还有助于减小模型的过度拟合。如图 6-5 所示，它使用一个 2 × 2 的窗口在图像上滑动，并在每个区域取最大值。这就是它降低维度的方法。

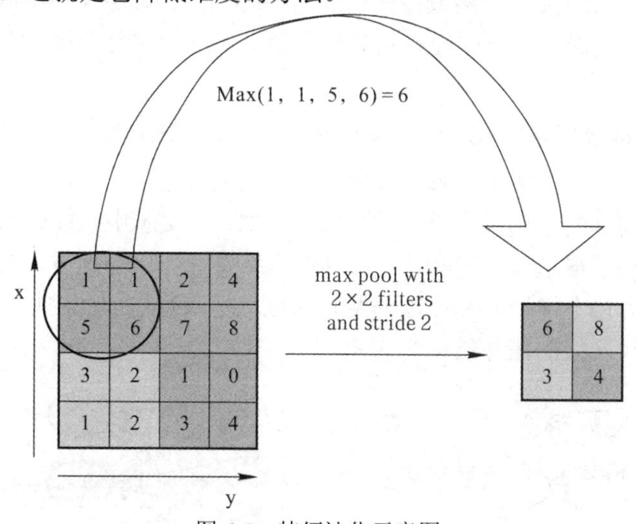

图 6-5 特征池化示意图

6) 平面化、全连接以及 Softmax 层

最后一层是一个需要特征向量作为输入的稠密层。但池化层的输出不是一维特征向量。将卷积的输出转换为特征向量的过程称为平面化。全连接层从平面化层获得一个输入，然后给出一个 N 维向量，其中 N 是类的数量。

全连接层的作用是根据训练数据集上的损失函数，利用这些特征对输入图像进行分类。最后使用 Softmax 函数将这些 N 维向量转换为每个类的概率，最终将图像分类为特定的类。

7) 反向传播：训练神经网络

在正常的神经网络中，基本上都是在做正向传播来得到输出，检查输出是否正确，并计算误差。在反向传播中，通过网络找到误差对每个权值的偏导数。

下面介绍反向传播神经网络是如何工作的。

将输入的图像送入网络，完成正向传播，即在全连接层的正向传播中进行卷积、ReLU 和池化操作，并生成每个类的输出概率。根据前馈规则，权值随机分配，完成训练的第一次迭代，并输出随机概率。在第一步结束之后，网络使用下面的公式在输出层计算误差：

$$总误差 = \sum\sqrt{(目标概率 - 输出概率)^2}$$

现在，反向传播开始计算相对于网络中所有权值的误差梯度，并使用梯度下降更新所有滤波器的值和权重，这将最终使输出误差最小化。滤波器数量、滤波器大小和网络架构等参数将在构建网络时确定。滤波器矩阵和连接权值将在每次运行时更新。整个过程就是对整个训练集进行重复训练，直到输出误差最小。

3. 递归神经网络(Recurrent Neural Network，RNN)

卷积神经网络主要用于解决计算机视觉问题，它不能解决序列模型。序列模型是那些实体的序列也很重要的模型。例如，在文本中，单词的顺序对于创造有意义的句子很重要。这就是递归神经网络发挥作用的地方，它对连续数据很有用，因为每个神经元都可以使用它通过记忆来记住前面的信息。图 6-6 给出了两种神经网络的拓扑结构。

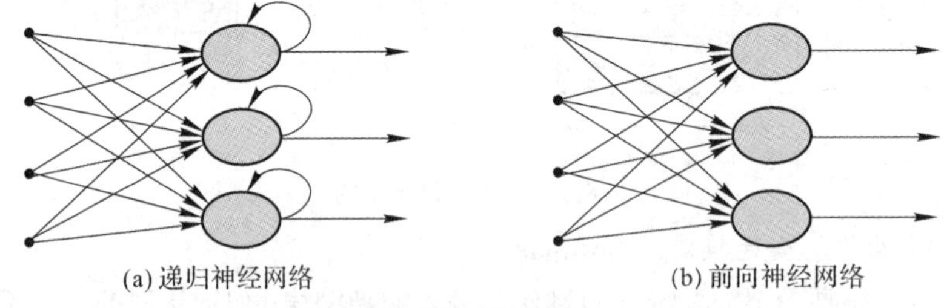

图 6-6 神经网络

要确切地理解递归神经网络是如何工作的，这相当复杂。如图 6-6 所示，递归神经网络从隐含层获取输出，并在给出预测之前将其送回到同一层。

我们已经通过卷积神经网络了解了前向传播和后向传播的工作原理，接下来介绍在使用递归神经网络时如何进行训练。递归神经网络训练流程如图 6-7

所示。

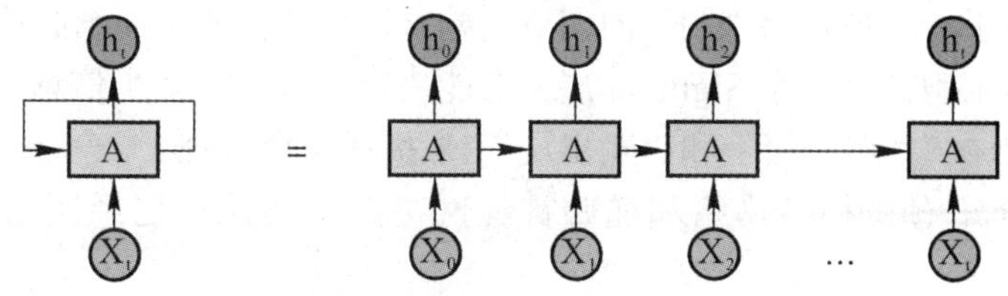

图 6-7　递归神经网络训练流程

如果只讨论隐含层，则不仅可以从隐含层获取输入，而且还可以向相同的隐含层增加额外的输入。现在反向传播就像之前看到的任何训练一样，只是现在它依赖于时间。这里，误差通过展开的隐含层从最后一个时间戳反向传播到第一个时间戳。允许计算每个时间戳的误差并更新权值。在隐含单元具有递归连接的递归网络中读取整个序列，然后生成所需的输出。

当一个梯度的值太小时，模型需要很长时间来学习，这被称为梯度消失。用 LSTM 来解决这个问题。

4. 长短时记忆(Long Short-Term Memory, LSTM)

长短时记忆是一种具有良好的等式性和反向传播性能的网络结构，这种结构使其具有更好的性能。长短时记忆的工作原理与递归神经网络非常相似，区别是这些单元可以学习很长时间间隔内的东西，而且它们可以像计算机一样存储信息。长短时记忆网络结构如图 6-8 所示。

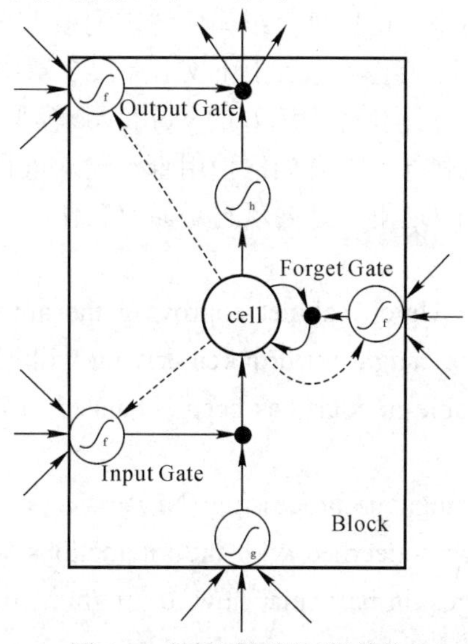

图 6-8　长短时记忆网络结构

该算法通过权重方法来学习单词或字符的重要性，并决定是否存储它。为此，它使用了一种被称为“门”的调节结构，这种结构能够向细胞移除或增加信息。这些细胞具有一个 Sigmoid 层，它能决定应该传递多少信息。它由三层结构(“输入层”“遗忘层”和“输出层”)来执行这个过程。

深入介绍卷积神经网络和递归神经网络的工作原理已经超出了本书的范围。

方法 6-1　利用深度学习进行信息检索

信息检索是自然语言处理最广泛的应用之一，同时也是一个非常棘手的问题。单词或句子的意义不仅取决于所使用的准确的单词，也取决于上下文和语境。两个句子可能采用完全不同的词，但表达了相同的意思。我们也应该能够做到这一点。

信息检索(Information Retrieval，IR)系统允许用户根据搜索文本/查询有效地搜索文档并检索有意义的信息。

➤ 问题

使用词嵌入进行信息检索。

➤ 解决方案

信息检索有多种方法。这里将介绍如何通过词嵌入来实现信息检索，这是一种非常有效的方法，因为它考虑了上下文。在第 3 章中已经讨论了如何构建词嵌入。在本例中，将使用预先训练好的 word2vec 模型。

下面举一个简单的例子，看看如何使用查询输入进行文档检索。假设数据库中有如下的四个文档 (这里只是展示它是如何工作的。在实际的应用中会有更多的文档)：

Doc1 = ["With the Union cabinet approving the amendments to the Motor Vehicles Act, 2016, those caught for drunken driving will have to have really deep pockets, as the fine payable in court has been enhanced to Rs 10,000 for first-time offenders."]

Doc2 = ["Natural language processing (NLP) is an area of computer science and artificial intelligence concerned with the interactions between computers and human (natural) languages, in particular how to program computers to process and analyze large amounts of natural language data."]

Doc3 = ["He points out that public transport is very good in Mumbai and New Delhi, where there is a good network of suburban and metro rail systems."]

Doc4 = ["But the man behind the wickets at the other end was watching just as keenly. With an affirmative nod from Dhoni, India captain Rohit Sharma promptly asked for a review. Sure enough, the ball would have clipped the top of middle and leg."]

假设有很多这样的文档。希望检索和查询与“cricket”最相关的一个文档。下面介绍如何实现。

➤ 实现步骤

步骤 1-1　导入库。代码如下：

```
import gensim
from gensim.models import Word2Vec
import numpy as np
import nltk
import itertools
from nltk.corpus import stopwords
from nltk.tokenize import sent_tokenize, word_tokenize
import scipy
from scipy import spatial
from nltk.tokenize.toktok import ToktokTokenizer
import re
tokenizer = ToktokTokenizer()
stopword_list = nltk.corpus.stopwords.words('english')
```

步骤 1-2　创建/导入文档，从网上随机抽取句子：

```
Doc1 = ["With the Union cabinet approving the amendments to the Motor Vehicles Act, 2016, those caught for drunken driving will have to have really deep pockets, as the fine payable in court has been enhanced to Rs 10,000 for first-time offenders." ]
Doc2 = ["Natural language processing (NLP) is an area of computer science and artificial intelligence concerned with the interactions between computers and human (natural) languages, in particular how to program computers to process and analyze large amounts of natural language data."]
Doc3 = ["He points out that public transport is very good in Mumbai and New Delhi, where there is a good network of suburban and metro rail systems."]
```

```
Doc4 = ["But the man behind the wickets at the other end was watching just as keenly. With an affirmative nod from Dhoni, India captain Rohit Sharma promptly asked for a review. Sure enough, the ball would have clipped the top of middle and leg."]
# Put all the documents in one list
fin= Doc1+Doc2+Doc3+Doc4
```

步骤 1-3　下载 word2vec。如前所述，使用词嵌入来解决这个问题。从以下链接下载 word2vec 模型：

```
https://drive.google.com/file/d/0B7XkCwpI5KDYNlNUTTlSS21pQmM/edit
#load the model
model = gensim.models.KeyedVectors.load_word2vec_format ('/GoogleNews-vectors-
        negative300.bin', binary =True)
```

步骤 1-4　创建 IR 系统。

使用下面的代码构建信息检索系统：

```
#Preprocessing
def remove_stopwords(text, is_lower_case=False):
    pattern = r'[^a-zA-z0-9\s]'
    text = re.sub(pattern, '', ''.join(text))
    tokens = tokenizer.tokenize(text)
    tokens = [token.strip() for token in tokens]
    if is_lower_case:
        filtered_tokens = [token for token in tokens if token not in stopword_list]
    else:
        filtered_tokens = [token for token in tokens if token.lower() not in stopword_list]
    filtered_text = ' '.join(filtered_tokens)
    return filtered_text
# Function to get the embedding vector for n dimension, we have used "300"
def get_embedding(word):
    if word in model.wv.vocab:
        return model[x]
    else:
        return np.zeros(300)
```

对于每个文档，我们将基于单词出现的次数得到许多向量。需要通过取所有单词向量的平均值来计算文档的平均向量，代码如下：

```
# Getting average vector for each document
out_dict = {}
for sen in fin:
    average_vector = (np.mean(np.array([get_embedding(x) for x in nltk.word_tokenize
                     (remove_stopwords (sen))]), axis=0))
    dict = { sen : (average_vector) }
    out_dict.update(dict)
# Function to calculate the similarity between the query vector and document vector
def get_sim(query_embedding, average_vector_doc):
    sim = [(1 - scipy.spatial.distance.cosine(query_embedding, average_vector_doc))]
    return sim
# Rank all the documents based on the similarity to get relevant docs
def Ranked_documents(query):
    query_words = (np.mean(np.array([get_embedding(x) for x in nltk.word_tokenize
                  (query.lower())],dtype = loat), axis=0))
    rank = []
    for k,v in out_dict.items():
        rank.append((k, get_sim(query_words, v)))
    rank = sorted(rank,key=lambda t: t[1], reverse=True)
    print('Ranked Documents :')
    return rank
```

步骤 1-5　结果和应用。

下面的代码用于显示构建的信息检索系统在几个示例上是如何工作的。

```
# Call the IR function with a query
Ranked_documents("cricket")
```

输出结果如下：

```
[('But the man behind the wickets at the other end was watching just as keenly. With an affirmative nod from Dhoni, India captain Rohit Sharma promptly asked for a review. Sure enough, the ball would have clipped the top of middle and leg.', [0.44954327116871795]),
('He points out that public transport is very good in Mumbai and New Delhi, where there is a good network of suburban and metro rail systems.', [0.23973446569030055]),
('With the Union cabinet approving the amendments to the Motor Vehicles Act, 2016,
```

```
those caught for drunken driving will have to have really deep pockets, as the fine payable in court has been enhanced to Rs 10,000 for first-time offenders.', [0.18323712012013349]),
('Natural language processing (NLP) is an area of computer science and artificial intelligence concerned with the interactions between computers and human (natural) languages, in particular how to program computers to process and analyze large amounts of natural language data.', [0.17995060855459855])]
```

注意观察 Doc4(在结果的顶部)，这是与查询的“cricket”最相关的，相似度为 0.449，尽管“cricket”这个词在文档中甚至一次也没有被提到。

下面再举一个驾驶的示例，代码及输出结果如下：

```
Ranked_documents("driving")
[('With the Union cabinet approving the amendments to the Motor Vehicles Act, 2016, those caught for drunken driving will have to have really deep pockets, as the fine payable in court has been enhanced to Rs 10,000 for first-time offenders.', [0.35947287723800669]),
('But the man behind the wickets at the other end was watching just as keenly. With an affirmative nod from Dhoni, India captain Rohit Sharma promptly asked for a review. Sure enough, the ball would have clipped the top of middle and leg.', [0.19042556935316801]),
('He points out that public transport is very good in Mumbai and New Delhi, where there is a good network of suburban and metro rail systems.', [0.17066536985237601]),
('Natural language processing (NLP) is an area of computer science and artificial intelligence concerned with the interactions between computers and human (natural) languages, in particular how to program computers to process and analyze large amounts of natural language data.', [0.088723080005327359])]
```

同样地，由于驾驶与运输和机动车法案有关，因此它会将最相关的文档推到最上面。前两个文档与查询的关键词相关。

可以使用相同的方法，将其扩展到尽可能多的文档。为了更精确，可以像在第 3 章学习的那样，构建自己的嵌入式，针对特定的行业，将其一般化。

这是可以用于许多应用的基本方法，比如搜索引擎、文档检索、乘客检索和问答。

如图 6-9 所示，查询越长，结果越短，获得的结果越好。这也是为什么在搜索引擎中，当搜索查询的单词较少时，不能得到较好结果的原因。

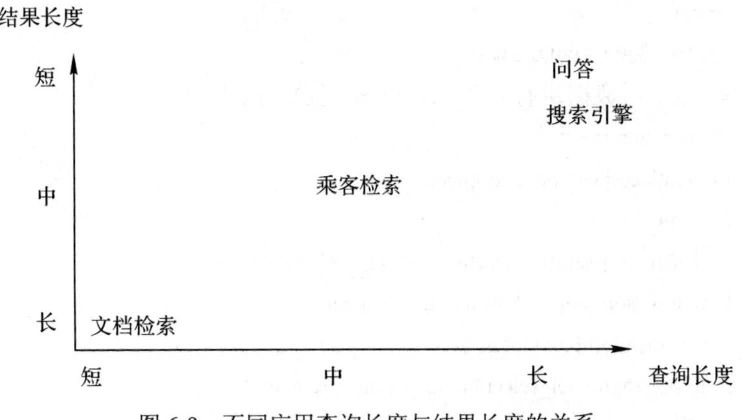

图 6-9　不同应用查询长度与结果长度的关系

方法 6-2　使用深度学习对文本进行分类

在这个方法中，让我们使用深度学习方法构建一个文本分类器。

➤ 问题

想使用卷积神经网络、递归神经网络和长短时记忆来建立一个文本分类模型。

➤ 解决方案

该方法和自然语言处理流水线与前面讨论的保持一致。唯一的变化是，将不再使用机器学习算法，而是使用深度学习算法来构建模型。

➤ 实现步骤

按照本节中的步骤使用深度学习方法来构建电子邮件分类器。

步骤 2-1　了解/定义业务问题。

需要根据邮件内容对垃圾邮件或正常邮件进行分类。

步骤 2-2　确定潜在的数据源、收集数据并理解数据。

使用第 4 章方法 4-6 的数据：

```
#read file
file_content = pd.read_csv('spam.csv', encoding = "ISO-8859-1")
#check sample content in the email
file_content['v2'][1]
```

```
#output
'Ok lar... Joking wif u oni...'
```

步骤 2-3　对数据进行预处理，代码及输出结果如下：

```
#Import library
from nltk.corpus import stopwords
from nltk import *
from sklearn.feature_extraction.text import TfidfVectorizer
from nltk.stem import WordNetLemmatizer
import matplotlib.pyplot as plt
from sklearn.model_selection import train_test_split
# Remove stop words
stop = stopwords.words('english')
file_content['v2'] = file_content['v2'].apply(lambda x: " ".join(x for x in x.split() if x not
                    in stop))
# Delete unwanted columns
Email_Data = file_content[['v1', 'v2']]
# Rename column names
Email_Data = Email_Data.rename(columns={"v1":"Target", "v2":"Email"})
Email_Data.head()
#output
        Target Email
0       ham         Go jurong point, crazy.. Available bugis n gre...
1       ham         Ok lar... Joking wif u oni...
2       spam        Free entry 2 wkly comp win FA Cup final tkts 2...
3       ham         U dun say early hor... U c already say...
4       ham         Nah I think goes usf, lives around though

#Delete punctuations, convert text in lower case and delete the double space
Email_Data['Email'] = Email_Data['Email'].apply(lambda x: re.sub('[!@#$:).;,?&]', '',
                    x.lower()))
Email_Data['Email'] = Email_Data['Email'].apply(lambda x: re.sub(' ', ' ', x))
Email_Data['Email'].head(5)
#output
```

```
0        go jurong point crazy available bugis n great ...
1        ok lar joking wif u oni
2        free entry 2 wkly comp win fa cup final tkts 2...
3        u dun say early hor u c already say
4        nah i think goes usf lives around though

Name: Email, dtype: object
#Separating text(input) and target classes
list_sentences_rawdata = Email_Data["Email"].fillna("_na_").values
list_classes = ["Target"]
target = Email_Data[list_classes].values
To_Process=Email_Data[['Email', 'Target']]
```

步骤 2-4　准备用于构建模型的数据，代码及输出结果如下：

```
#Train and test split with 80:20 ratio
train, test = train_test_split(To_Process, test_size=0.2)
# Define the sequence lengths, max number of words and embedding dimensions
# Sequence length of each sentence. If more, truncate. If less, pad with zeros
MAX_SEQUENCE_LENGTH = 300
# Top 20000 frequently occurring words
MAX_NB_WORDS = 20000
# Get the frequently occurring words
tokenizer = Tokenizer(num_words=MAX_NB_WORDS)
tokenizer.fit_on_texts(train.Email)
train_sequences = tokenizer.texts_to_sequences(train.Email)
test_sequences = tokenizer.texts_to_sequences(test.Email)
# dictionary containing words and their index
word_index = tokenizer.word_index
# print(tokenizer.word_index)
# total words in the corpus
print('Found %s unique tokens.' % len(word_index))
# get only the top frequent words on train
train_data = pad_sequences(train_sequences, maxlen=MAX_SEQUENCE_LENGTH)
# get only the top frequent words on test
```

```
test_data = pad_sequences(test_sequences, maxlen=MAX_SEQUENCE_LENGTH)
print(train_data.shape)
print(test_data.shape)
#output
Found 8443 unique tokens.
(4457, 300)
(1115, 300)

train_labels = train['Target']
test_labels = test['Target']
#import library
from sklearn.preprocessing import LabelEncoder
# converts the character array to numeric array. Assigns levels to unique labels.
le = LabelEncoder()
le.fit(train_labels)
train_labels = le.transform(train_labels)
test_labels = le.transform(test_labels)
print(le.classes_)
print(np.unique(train_labels, return_counts=True))
print(np.unique(test_labels, return_counts=True))
#output
['ham' 'spam']
(array([0, 1]), array([3889, 568]))
(array([0, 1]), array([936, 179]))

# changing data types
labels_train = to_categorical(np.asarray(train_labels))
labels_test = to_categorical(np.asarray(test_labels))
print('Shape of data tensor:', train_data.shape)
print('Shape of label tensor:', labels_train.shape)
print('Shape of label tensor:', labels_test.shape)
#output
Shape of data tensor: (4457, 300)
```

```
Shape of label tensor: (4457, 2)
Shape of label tensor: (1115, 2)

EMBEDDING_DIM = 100
print(MAX_SEQUENCE_LENGTH)
#output
300
```

步骤 2-5　模型建立和预测。

使用不同的深度学习方法(如卷积神经网络、递归神经网络、长短时记忆和双向长短时记忆)来构建模型，并使用不同的精度指标比较每个模型的性能。

下面的代码可以定义卷积神经网络模型。这里定义了一个包含 128 个记忆单元的隐含层。网络的退出概率设定为 0.5。输出层为密集层，利用 softmax 激活函数输出预测概率。

```
# Import Libraries
import sys, os, re, csv, codecs, numpy as np, pandas as pd
from keras.preprocessing.text import Tokenizer
from keras.preprocessing.sequence import pad_sequences
from keras.utils import to_categorical
from keras.layers import Dense, Input, LSTM, Embedding, Dropout, Activation
from keras.layers import Bidirectional, GlobalMaxPool1D, Conv1D, SimpleRNN
from keras.models import Model
from keras.models import Sequential
from keras import initializers, regularizers, constraints, optimizers, layers
from keras.layers import Dense, Input, Flatten, Dropout, BatchNormalization
from keras.layers import Conv1D, MaxPooling1D, Embedding
from keras.models import Sequential
print('Training CNN 1D model.')
model = Sequential()
model.add(Embedding(MAX_NB_WORDS,
EMBEDDING_DIM,
input_length=MAX_SEQUENCE_LENGTH))
model.add(Dropout(0.5))
model.add(Conv1D(128, 5, activation='relu'))
```

```
model.add(MaxPooling1D(5))
model.add(Dropout(0.5))
model.add(BatchNormalization())
model.add(Conv1D(128, 5, activation='relu'))
model.add(MaxPooling1D(5))
model.add(Dropout(0.5))
model.add(BatchNormalization())
model.add(Flatten())
model.add(Dense(128, activation='relu'))
model.add(Dense(2, activation='softmax'))
model.compile(loss='categorical_crossentropy',
optimizer='rmsprop',
metrics=['acc'])
```

下面的代码利用的是数据拟合模型，训练过程参数如图 6-10 所示。这里有 5 个历元共 64 个模式。

```
model.fit(train_data, labels_train,
batch_size=64,
epochs=5,
validation_data=(test_data, labels_test))
#output
```

```
Training CNN 1D model.
Train on 4457 samples, validate on 1115 samples
Epoch 1/5
4457/4457 [========================] – 19s 4ms/step – loss: 0.3465 – acc: 0.8634 – val_loss: 0.3479 – val-acc: 0.9247
Epoch 2/5
4457/4457 [========================] – 18s 4ms/step – loss: 0.1281 – acc: 0.9540 – val_loss: 0.1882 – val-acc: 0.9731
Epoch 3/5
4457/4457 [========================] – 17s 4ms/step – loss: 0.0659 – acc: 0.9807 – val_loss: 0.5212 – val-acc: 0.9704
Epoch 4/5
4457/4457 [========================] – 17s 4ms/step – loss: 0.0453 – acc: 0.9868 – val_loss: 0.5466 – val-acc: 0.9659
Epoch 5/5
4457/4457 [========================] – 17s 4ms/step – loss: 0.0379 – acc: 0.9912 – val_loss: 0.5507 – val-acc: 0.9785
<keras.callbacks.History at 0x1a2df88f28>
```

图 6-10　CNN 一维模型训练过程参数

```
#predictions on test data
predicted=model.predict(test_data)
predicted
#output
array([[0.5426713 , 0.45732868],
[0.5431667 , 0.45683333],
[0.53082496, 0.46917507],
...,
[0.53582424, 0.46417573],
[0.5305845 , 0.46941552],
[0.53102577, 0.46897423]], dtype=float32)
#model evaluation
import sklearn
from sklearn.metrics import precision_recall_fscore_support as score
precision, recall, fscore, support = score(labels_test, predicted.round())
print('precision: {}'.format(precision))
print('recall: {}'.format(recall))
print('fscore: {}'.format(fscore))
print('support: {}'.format(support))
print("############################")
print(sklearn.metrics.classification_report(labels_test, predicted.round()))
#output
```

图 6-11 给出了模型评估得分结果。

```
precision: [0.98407643   0.94797688]
recall: [0.99038462   0.91620112]
fscore: [0.98722045   0.93181818]
support: [936   179]
#############################
             precision    recall   f1-score   support
          0       0.98      0.99       0.99       936
          1       0.95      0.92       0.93       179
avg/total         0.98      0.98       0.98      1115
```

图 6-11　CNN 模型评估得分结果

下面的代码利用的是 Simple 递归神经网络模型，模型训练过程参数如图 6-12 所示。

```
#import library
from keras.layers.recurrent import SimpleRNN
#model training
print('Training SIMPLERNN model.')
model = Sequential()
model.add(Embedding(MAX_NB_WORDS,
EMBEDDING_DIM,
input_length=MAX_SEQUENCE_LENGTH))
model.add(SimpleRNN(2, input_shape=(None,1)))
model.add(Dense(2,activation='softmax'))
model.compile(loss = 'binary_crossentropy', optimizer='adam',metrics = ['accuracy'])
model.fit(train_data, labels_train,
batch_size=16,
epochs=5,
validation_data=(test_data, labels_test))
#output
```

```
Training SIMPLERNN model.
Train on 4457 samples, validate on 1115 samples
Epoch 1/5
4457/4457 [========================] – 26s 6ms/step – loss: 0.2514 – acc: 0.9607 – val_loss: 0.1508 – val-acc:
0.9776
Epoch 2/5
4457/4457 [========================] – 25s 6ms/step – loss: 0.0768 – acc: 0.9917 – val_loss: 0.1013 – val-acc:
0.9785
Epoch 3/5
4457/4457 [========================] – 25s 6ms/step – loss: 0.0327 – acc: 0.9982 – val_loss: 0.0904 – val-acc:
0.9794
Epoch 4/5
4457/4457 [========================] – 25s 6ms/step – loss: 0.0171 – acc: 0.9996 – val_loss: 0.0920 – val-acc:
0.9767
Epoch 5/5
4457/4457 [========================] – 25s 6ms/step – loss: 0.0108 – acc: 1.0000 – val_loss: 0.0926 – val-acc:
0.9749
```

图 6-12　Simple RNN 模型训练过程参数

```
# prediction on test data
predicted_Srnn=model.predict(test_data)
predicted_Srnn
#output
array([[0.9959137 , 0.00408628],
       [0.99576926, 0.00423072],
       [0.99044365, 0.00955638],
       ...,
       [0.9920791 , 0.00792089],
       [0.9958105 , 0.00418955],
       [0.99660563, 0.00339443]], dtype=float32)
#model evaluation
from sklearn.metrics import precision_recall_fscore_support as score
precision, recall, fscore, support = score(labels_test, predicted_Srnn.round())
print('precision: {}'.format(precision))
print('recall: {}'.format(recall))
print('fscore: {}'.format(fscore))
print('support: {}'.format(support))
print("##############################")
print(sklearn.metrics.classification_report(labels_test, predicted_Srnn.round()))
#output
```

Simple RNN 模型评估得分结果如图 6-13 所示。

```
precision: [0.97589099   0.9689441]
recall: [0.99465812   0.87150838]
fscore: [0.98518519   0.91764706]
support: [936   179]
##############################
             precision    recall   f1-score   support
          0       0.98      0.99       0.99       936
          1       0.97      0.87       0.92       179
avg/total         0.97      0.97       0.97      1115
```

图 6-13　Simple RNN 模型评估得分结果

下面的代码利用的是长短时记忆模型，模型训练过程参数如图 6-14 所示。

```
#model training
print('Training LSTM model.')
model = Sequential()
model.add(Embedding(MAX_NB_WORDS,
EMBEDDING_DIM,
input_length=MAX_SEQUENCE_LENGTH))
model.add(LSTM(output_dim=16,activation='relu',inner_activation='hard_sigmoid',retu
rn_sequences=True))
model.add(Dropout(0.2))
model.add(BatchNormalization())
model.add(Flatten())
model.add(Dense(2,activation='softmax'))
model.compile(loss = 'binary_crossentropy', optimizer='adam',metrics = ['accuracy'])
model.fit(train_data, labels_train,
batch_size=16,
epochs=5,
validation_data=(test_data, labels_test))
#output
```

```
Training LSTM model.
/users/akulk7/anaconda/lib/python3.5/site-package/ipykernal/__main__.py:12: UserWarning: Update your 'LSTM' call to
the Keras 2 API: 'LSTM(recurrent_activation="hard_sigmoid", return_sequences=True, units=16, activation="relu")'
Train on 4457 samples, validate on 1115 samples
Epoch 1/5
4457/4457 [========================] – 75s 17ms/step – loss: 0.1260 – acc: 0.9587 – val_loss: 0.1605 – val-acc:
0.9596
Epoch 2/5
4457/4457 [========================] – 72s 16ms/step – loss: 0.0147 – acc: 0.9964 – val_loss: 0.0810 – val-acc:
0.9794
Epoch 3/5
4457/4457 [========================] – 72s 16ms/step – loss: 0.0028 – acc: 0.9991 – val_loss: 0.0968 – val-acc:
0.9812
Epoch 4/5
4457/4457 [========================] – 73s 16ms/step – loss: 0.0018 – acc: 0.9998 – val_loss: 0.0892 – val-acc:
0.9830
Epoch 5/5
4457/4457 [========================] – 78s 17ms/step – loss: 7.3629e-04 – acc: 0.9998 – val_loss: 0.1045 – val-acc:
0.9830
```

图 6-14　LSTM 模型训练过程参数

```
#prediction on text data
predicted_lstm=model.predict(test_data)
predicted_lstm
array([[1.0000000e+00, 4.0581045e-09],
       [1.0000000e+00, 8.3188789e-13],
       [9.9999976e-01, 1.8647323e-07],
       ...,
       [9.9999976e-01, 1.8333606e-07],
       [1.0000000e+00, 1.7347950e-09],
       [9.9999988e-01, 1.3574694e-07]], dtype=float32)
#model evaluation
from sklearn.metrics import precision_recall_fscore_support as score
precision, recall, fscore, support = score(labels_test, predicted_lstm.round())
print('precision: {}'.format(precision))
print('recall: {}'.format(recall))
print('fscore: {}'.format(fscore))
print('support: {}'.format(support))
print("#############################")
print(sklearn.metrics.classification_report(labels_test, predicted_lstm.round()))
#output
```

LSTM 模型评估得分结果如图 6-15 所示。

```
precision: [0.98010471   1.        ]
recall: [1.            0.89385475]
fscore: [0.98995241   0.9439528]
support: [936   179]
##############################
             precision    recall   f1-score   support
          0       0.98      1.00       0.99       936
          1       1.00      0.89       0.94       179
  avg/total       0.98      0.98       0.98      1115
```

图 6-15　LSTM 模型评估得分结果

下面介绍什么是双向长短时记忆，以及如何利用双向长短时记忆实现相同的功能。

长短时记忆使用隐藏状态保存输入的信息。在双向长短时记忆中，输入有两种方式：一种是从过去到未来，另一种是从未来到过去，这有助于学习关于未来的表示。众所周知，双向长短时记忆能够产生非常好的结果，因为它能够更好地理解上下文。下面的代码用于实现双向长短时记忆。

```
#model training
print('Training Bidirectional LSTM model.')
model = Sequential()
model.add(Embedding(MAX_NB_WORDS,
EMBEDDING_DIM,
input_length=MAX_SEQUENCE_LENGTH))
model.add(Bidirectional(LSTM(16, return_sequences=True, dropout=0.1, recurrent_
dropout=0.1)))
model.add(Conv1D(16, kernel_size = 3, padding = "valid", kernel_initializer = "glorot_
uniform"))
model.add(GlobalMaxPool1D())
model.add(Dense(50, activation="relu"))
model.add(Dropout(0.1))
model.add(Dense(2,activation='softmax'))
model.compile(loss = 'binary_crossentropy', optimizer='adam',metrics = ['accuracy'])
model.fit(train_data, labels_train,
batch_size=16,
epochs=3,
validation_data=(test_data, labels_test))
#output
```

双向 LSTM 模型训练过程参数如图 6-16 所示。

```
Training Bidirectional LSTM model.
Train on 4457 samples, validate on 1115 samples
Epoch 1/3
4457/4457 [==========================] – 104s 23ms/step – loss: 0.1401 – acc: 0.9502 – val_loss: 0.0669 – val-acc:
0.9821
Epoch 2/3
4457/4457 [==========================] – 99s 22ms/step – loss: 0.0119 – acc: 0.9960 – val_loss: 0.0776 – val-acc:
0.9812
Epoch 3/3
4457/4457 [==========================] – 100s 22ms/step – loss: 0.0020 – acc: 0.9998 – val_loss: 0.0890 – val-acc:
0.9857
```

图 6-16　双向 LSTM 模型训练过程参数

```
# prediction on test data
predicted_blstm=model.predict(test_data)
predicted_blstm
#output
array([[9.9999976e-01, 2.6086647e-07],
       [9.9999809e-01, 1.9633851e-06],
       [9.9999833e-01, 1.6918856e-06],
       ...,
       [9.9999273e-01, 7.2622524e-06],
       [9.9999964e-01, 3.3541210e-07],
       [9.9999964e-01, 3.5427794e-07]], dtype=float32)
#model evaluation
from sklearn.metrics import precision_recall_fscore_support as score
precision, recall, fscore, support = score(labels_test, predicted_blstm.round())
print('precision: {}'.format(precision))
print('recall: {}'.format(recall))
print('fscore: {}'.format(fscore))
print('support: {}'.format(support))
print("##############################")
print(sklearn.metrics.classification_report(labels_test, predicted_blstm.round()))
#output
```

双向 LSTM 模型评估得分结果如图 6-17 所示。

```
precision: [0.98421053   0.99393939]
recall: [0.99893162   0.91620112]
fscore: [0.99151644   0.95348837]
support: [936   179]
##############################
             precision    recall  f1-score   support
          0       0.98      1.00      0.99       936
          1       0.99      0.92      0.95       179
avg/total         0.99      0.99      0.99      1115
```

图 6-17　双向 LSTM 模型评估得分结果

从输出结果可以看到，双向长短时记忆的性能优于其他算法。

方法 6-3　对邮件使用长短时记忆预测

下一个单词/序列

写邮件时自动填充/显示潜在的单词序列将节省很多时间，也让用户乐于在任何产品上使用这项功能。

➢ 问题

希望使用电子邮件数据，根据前面的单词序列构建一个模型来预测/建议下一个单词。

如图 6-18 所示，language 被预测为下一个单词。

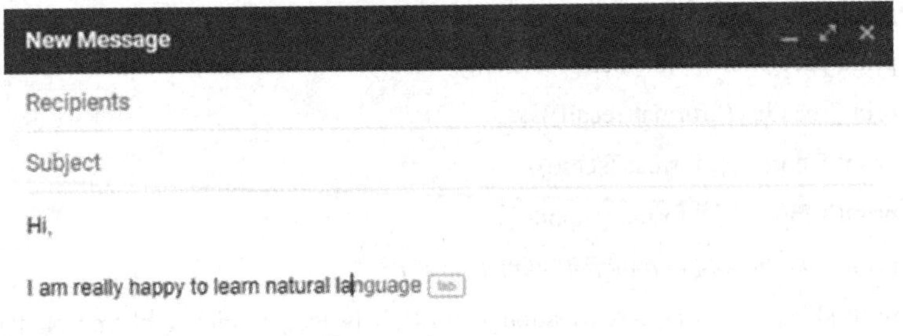

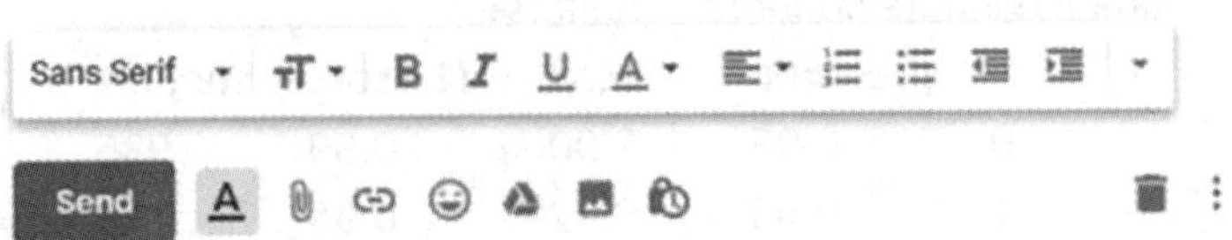

图 6-18　写邮件时的自动填充/预测

➢ 解决方案

本节将构建一个长短时记忆模型来从电子邮件数据中学习单词序列。我们将使用这个模型来预测下一个单词。

➤ 实现步骤

按照本节中的步骤使用深度学习方法构建下一个单词预测模型。

步骤 3-1　理解/定义业务问题。

根据单词或句子的顺序预测下一个单词。

步骤 3-2　确定潜在的数据源、收集数据并理解数据。

用第 4 章方法 4-6 中使用的电子邮件数据来解决这个问题。这里的数据不多，但足以显示工作流程。数据越多，准确性越高。

```
file_content = pd.read_csv('spam.csv', encoding = "ISO-8859-1")
# Just selecting emails and connverting it into list
Email_Data = file_content[[ 'v2']]
list_data = Email_Data.values.tolist()
list_data
#output
```

输出结果如下：

```
[[ 'Go until jurong point, crazy.. Available only in bugis n great world la e buffet... Cine there got amore wat...'],
['Ok lar... Joking wif u oni...'],
[ "Free entry in 2 a wkly comp to win FA Cup final tkts 21st May 2005. Text FA to 87121 to receive entry question(std txt rate)T&C's apply 08452810075over18's"],
['U dun say so early hor... U c already then say...'],
["Nah I don't think he goes to usf, he lives around here though"],
[" FreeMsg Hey there darling it's been 3 week's now and no word back! I'd like some fun you up for it still? Tb ok! XxX std chgs to send, å£1.50 to rcv"],
[' Even my brother is not like to speak with me. They treat me like aids patent.'],
[" As per your request 'Melle Melle (Oru Minnaminunginte Nurungu Vettam)' has been set as your callertune for all Callers. Press *9 to copy your friends Callertune"],
[ 'WINNER!! As a valued network customer you have been selected to receivea å£900 prize reward! To claim call 09061701461. Claim code KL341. Valid 12 hours only.'] ,
[ 'Had your mobile 11 months or more? U R entitled to Update to the latest colour mobiles with camera for Free! Call The Mobile Update Co FREE on 08002986030'],
```

步骤 3-3　导入和安装必要的库，代码如下：

```
import numpy as np
import random
import pandas as pd
import sys
import os
import time
import codecs
import collections
import numpy
from keras.models import Sequential
from keras.layers import Dense
from keras.layers import Dropout
from keras.layers import LSTM
from keras.callbacks import ModelCheckpoint
from keras.utils import np_utils
from nltk.tokenize import sent_tokenize, word_tokenize
import scipy
from scipy import spatial
from nltk.tokenize.toktok import ToktokTokenizer
import re
tokenizer = ToktokTokenizer()
```

步骤 3-4　下面的代码用于处理数据：

```
#Converting list to string
from collections import Iterable
def flatten(items):
    """Yield items from any nested iterable"""
    for x in items:
        if isinstance(x, Iterable) and not isinstance(x, (str, bytes)):
            for sub_x in flatten(x):
                yield sub_x
        else:
            yield x
TextData=list(flatten(list_data))
```

```
TextData = ''.join(TextData)
# Remove unwanted lines and converting into lower case
TextData = TextData.replace('\n','')
TextData = TextData.lower()
pattern = r'[^a-zA-z0-9\s]'
TextData = re.sub(pattern, '', ''.join(TextData))
# Tokenizing
tokens = tokenizer.tokenize(TextData)
tokens = [token.strip() for token in tokens]
# get the distinct words and sort it
word_counts = collections.Counter(tokens)
word_c = len(word_counts)
print(word_c)
distinct_words = [x[0] for x in word_counts.most_common()]
distinct_words_sorted = list(sorted(distinct_words))
# Generate indexing for all words
word_index = {x: i for i, x in enumerate(distinct_words_sorted)}
# decide on sentence lenght
sentence_length = 25
```

步骤 3-5　用于建模的数据准备。

下面将邮件划分为固定长度为 10 个单词的词组序列(可以根据业务问题和计算能力选择任何内容)。按词组序列把文本拆开。在创建这些序列时，将此窗口沿整个文档一次滑动一个单词，允许每个单词从它之前的单词学习而来。该步骤的实现代码和输出结果如下：

```
#prepare the dataset of input to output pairs encoded as integers
# Generate the data for the model
#input = the input sentence to the model with index
#output = output of the model with index
InputData = []
OutputData = []
for i in range(0, word_c - sentence_length, 1):
    X = tokens[i:i + sentence_length]
    Y = tokens[i + sentence_length]
```

```
    InputData.append([word_index[char] for char in X])
    OutputData.append(word_index[Y])
print (InputData[:1])
print ("\n")
print(OutputData[:1])
#output
[[5086, 12190, 6352, 9096, 3352, 1920, 8507, 5937, 2535, 7886, 5214, 12910, 6541,
4104, 2531, 2997, 11473, 5170, 1595, 12552, 6590, 6316, 12758, 12087, 8496]]
[4292]
# Generate X
X = numpy.reshape(InputData, (len(InputData), sentence_length, 1))
# One hot encode the output variable
Y = np_utils.to_categorical(OutputData)
Y
#output
array([[0., 0., 0., ..., 0., 0., 0.],
       [0., 0., 0., ..., 0., 0., 0.],
       [0., 0., 0., ..., 0., 0., 0.],
       ...,
       [0., 0., 0., ..., 0., 0., 0.],
       [0., 0., 0., ..., 0., 0., 0.],
       [0., 0., 0., ..., 0., 0., 0.]])
```

步骤 3-6　构建模型。

下面将定义长短时记忆模型。这里定义了一个包含 256 个记忆单元的单隐含长短时记忆层的模型。该模型的退出概率为 0.2。输出层使用 softmax 激活函数。这里使用 ADAM 优化器。构建模型的代码如下：

```
# define the LSTM model
model = Sequential()
model.add(LSTM(256, input_shape=(X.shape[1], X.shape[2])))
model.add(Dropout(0.2))
model.add(Dense(Y.shape[1], activation='softmax'))
model.compile(loss='categorical_crossentropy', optimizer='adam')
```

```
#define the checkpoint
file_name_path="weights-improvement-{epoch:02d}-{loss:.4f}.hdf5"
checkpoint = ModelCheckpoint(file_name_path, monitor='loss', verbose=1, save_best_
        only=True, mode='min')
callbacks = [checkpoint]
```

下面的代码可以将模型与数据进行拟合。这里使用 5 个历元共 128 个模式。为了获得更好的结果，可以使用更多的历元，比如 50 个或 100 个。当然，也可以使用更多的数据。

```
#fit the model
model.fit(X, Y, epochs=5, batch_size=128, callbacks=callbacks)
```

注意：我们没有将数据分成训练数据和测试数据。我们对精确的模型不感兴趣。因为深度学习模型需要大量的数据和大量的时间来训练，所以使用一个模型检查点来得到想要的模型权重并存储为文件。我们将使用最佳的一组权重来进行预测。

```
#output
```

深度学习模型训练过程参数如图 6-19 所示。

```
Epoch 1/5
13312/13335 [============================>.] - ETA: 0s - loss: 7.9041
Epoch 0001: loss improved from inf to 7.90363, saving model to weights-improvement-01-7.9036.hdf5
13335/13335 [==============================] – 30s 2ms/step – loss: 7.9036
Epoch 2/5
13312/13335 [============================>.] - ETA: 0s - loss: 7.1114
Epoch 0002: loss improved from 7.90363 to 7.11067, saving model to weights-improvement-02-7.1107.hdf5
13335/13335 [==============================] – 28s 2ms/step – loss: 7.1107
Epoch 3/5
13312/13335 [============================>.] - ETA: 0s - loss: 7.0211
Epoch 0003: loss improved from 7.11067 to 7.02179, saving model to weights-improvement-03-7.0218.hdf5
13335/13335 [==============================] – 26s 2ms/step – loss: 7.0218
Epoch 4/5
13312/13335 [============================>.] - ETA: 0s - loss: 6.9316
Epoch 0004: loss improved from 7.02179 to 6.93116, saving model to weights-improvement-04-6.9312.hdf5
13335/13335 [==============================] – 26s 2ms/step – loss: 6.9312
Epoch 5/5
13312/13335 [============================>.] - ETA: 0s - loss: 6.8516
Epoch 0005: loss improved from 6.93116 to 6.85182, saving model to weights-improvement-05-6.8518.hdf5
13335/13335 [==============================] – 28s 2ms/step – loss: 6.8518
```

图 6-19　深度学习模型训练过程参数

运行上述代码后，将在本地目录中得到权重检查点文件。选择保存在工作目录中的网络权重文件。例如，当我们运行这个例子时，下面是 5 个历元中损失最小的检查点。

```
# load the network weights
file_name = "weights-improvement-05-6.8213.hdf5"
model.load_weights(file_name)
model.compile(loss='categorical_crossentropy', optimizer='adam')
```

步骤 3-7　预测下一个单词。

下面的代码将随机生成一个单词序列并将其输入到模型中，然后看看它会预测出什么。

```
# Generating random sequence
start = numpy.random.randint(0, len(InputData))
input_sent = InputData[start]
# Generate index of the next word of the email
X = numpy.reshape(input_sent, (1, len(input_sent), 1))
predict_word = model.predict(X, verbose=0)
index = numpy.argmax(predict_word)
print(input_sent)
print ("\n")
print(index)
# Output
[9122, 1920, 8187, 5905, 6828, 9818, 1791, 5567, 1597, 7092, 11606, 7466, 10198,
6105, 1837, 4752, 7092, 3928, 10347, 5849, 8816, 7092, 8574, 7092, 1831]
5849

# Convert these indexes back to words
word_index_rev = dict((i, c) for i, c in enumerate(tokens))
result = word_index_rev[index]
sent_in = [word_index_rev[value] for value in input_sent]
print(sent_in)
print ("\n")
print(result)
```

输出结果如下：

```
['us', 'came', 'use', 'respecthe', 'would', 'us', 'are', 'it', 'you', 'to', 'pray', 'because', 'you', 'do', 'me', 'out', 'youre', 'thk', 'where', 'are', 'mrng', 'minutes', 'long', '500', 'per']
shut
```

这里，给定 25 个输入词，它预测“shut”将是下一个单词。当然，这没有多大意义，因为这里所使用的数据和历元都太少。确保你具有强大的计算能力，并在具有更多历元的大型数据上进行训练。